少年探索发现系列

探索奥秘世界　发现未解之谜

INCREDIBLE UNSOLVED MYSTERIES

最不可思议的自然未解之谜

总策划／邢涛　主编／龚勋

汕头大学出版社

  大自然美丽而神奇，无论是广阔的天空，还是浩瀚的海洋，无论是遥远的地球两极，还是近在身边熟悉的土地，总有那么一些现代科学努力探索却又无法解释清楚的未知事物和神秘现象。这些扑朔迷离的谜团既令人惊奇，又引人深思，勾起人们探索的兴致。

  这本《最不可思议的自然未解之谜》以满足少年儿童的好奇心、拓展其视野为目的，精选了诸多新奇的自然之谜，以灵活多样的体例、图文并茂的形式，详尽展示了自然界里的奇观异象、悬疑事物。

  在书中，少年儿童读者可以探索地球的秘密，见识沧海桑田的变迁，感受魔鬼谷、杀人浪、百慕大三角的惊悚可怕，了解海底"绿洲"、天再旦、天然录放机的新奇事，目击无名怪火、绿色阳光等大自然的神秘造化，探寻生命起源、大型动物灭绝、人类祖先进化等事件发生的线索，体察植物"语言"、跳舞草、尼斯湖水怪、活恐龙、异种人等奇异的生命现象……

  下面，请随我们一道走进这个神秘的未知世界，共同领略大自然遗留给我们的种种迷离！

匪夷所思的自然界大探奇！！

目录 CONTENTS

第一章 1~40
众说纷纭的大地怪象

- 2　地球自转为何变慢
- 3　地球磁极倒转之谜
- 4　南北两极地形为何相似
- 5　南北极大铁矿为何对称分布
- 6　什么力量令大陆漂移
- 8　地震形成寻因
- 10　火山定期喷发之谜
- 11　泥火山成因探究
- 12　乐业天坑疑团
- 14　撒哈拉沙漠曾是绿洲吗
- 16　死亡陷阱——流沙
- 17　产香稻的神奇水田
- 18　会飞的土地
- 19　神秘的"寂静区"
- 20　违反常规的"魔鬼地带"
- 21　青海"魔鬼谷"寻魔
- 22　"谜"世界——神农架
- 24　秘境黑竹沟
- 25　洞穴谜团
- 26　令人害怕的山洞
- 27　钟乳石"开花"之谜
- 28　金刚石的来历之谜
- 29　陨石坑中的陨石之谜
- 30　神奇的香味石
- 31　怪异的圆石球
- 32　香格里拉在哪里
- 33　跨越两大洲的巨人脚印
- 34　不可思议的火山足印
- 35　能自己移动的棺材
- 36　涌不完泉水的石棺
- 37　离奇的天然录放机
- 38　神秘之声
- 40　谁的杰作——麦田怪圈

第二章 41~72
神秘莫测的水域悬疑

- 42　海洋形成寻因
- 44　海盐来自何方
- 45　为何难寻古海水

46	海面会持续上升吗
47	海水会越来越咸吗
48	地球深处藏"海洋"
50	海平面是平的吗
51	大洋中真的有陆桥吗
52	红海会是未来的大洋吗
53	罗布泊是怎样消失的
54	危害重重的"红色潮水"
55	生死未卜的死海
56	听声降雨的迷人湖
57	上冷下热的南极怪湖
58	贝加尔湖生生不息之谜
60	"海底浊流"之谜
61	"亚热带逆流"成因之谜
62	海底"绿洲"
63	巨浪会杀人吗
64	死亡海——百慕大三角
66	惊人的海洋大漩涡
67	奥克兰岛的神秘海洞
68	珊瑚岛是怎样形成的
70	会移动的岛屿
71	令人惊悚的"吃船岛"
72	谁在操纵"旋转岛"

第三章 73~92
虚虚实实的迷幻气象

74	空气来源之谜
75	气候会一直变暖吗
76	冰期是怎样形成的
77	冰期为什么会循环
78	探秘厄尔尼诺
79	拉尼娜之谜
80	臭氧洞为何只现身南极
81	空中杀手——下击暴流
82	地震云之谜
83	晴空降雨之谜
84	奇异的六月飞雪
85	形形色色的怪雨
86	闪电家园
87	闪电的"魔法"
88	谁点亮了"佛灯"
89	印度洋上的"光轮"
90	探索"天再旦"
91	绿色阳光奇观
92	无名怪火

>>探索不可思议的神秘自然……

第四章 93~153
古怪精妙的生命谜团

- 94 寻找生命诞生的线索
- 96 寒武纪生命大爆发
- 97 最先登陆的植物是什么
- 98 生物向两性进化之谜
- 99 二叠纪生物灭绝之谜
- 100 恐龙是如何灭绝的
- 102 大型哺乳动物为何灭绝
- 103 谁使猛犸象消失了
- 104 哪里来的星星冻
- 105 奇怪的"肉团"
- 106 植物也有"感情"吗
- 107 探索植物的"语言"
- 108 植物也睡觉吗
- 109 植物为什么会有血型
- 110 植物的生长方向之谜
- 111 跳舞草为何爱跳舞
- 112 植物为何爱超声波
- 114 奇异的植物自卫
- 115 植物界的灾难预言家
- 116 冬虫夏草的生长之谜
- 117 竹子开花之谜
- 118 高山上的花儿为何艳

- 120 探寻独叶草
- 122 植物长生不老之谜
- 124 奇妙的生物钟
- 126 不死的动物
- 127 动物的"领土"观念
- 128 动物也会复仇吗
- 129 奇怪的杀过行为
- 130 奇妙而神秘的动物冬眠
- 131 动物界的寿星——明
- 132 动物界的地震预言家
- 133 动物界的天气预言家
- 134 奇迹般的躯体再生
- 135 动物自我保健之谜
- 136 动物"活化石"之谜
- 137 海豚救人之谜
- 138 大象好记性之谜
- 139 海豹讲"方言"
- 140 北极熊和企鹅分布之谜
- 142 活恐龙之谜
- 143 海龟为何回乡产卵
- 144 鲨鱼的克星之谜
- 145 谁是鸟类的祖先
- 146 企鹅起源之谜
- 147 鹦鹉学舌时动脑子吗
- 148 神秘的海怪尸体
- 149 蛇颈龙还在尼斯湖吗
- 150 谁是人类的直接祖先
- 151 人类的发源地在哪里
- 152 稀奇的异种人

[第一章]

众说纷纭的大地怪象

大地作为人类赖以生存的家园和基地,那里的一切都与我们的生活休戚相关。正如我们经常感受到的一样,大地上的事物并非总是单纯、温顺的,那里所发现的怪象远远超出了人类的想象和科学技术所能解释的范围,其中许多谜团都没能得到圆满的解释,一时众说纷纭。地球自转为何变慢,钟乳石会"开花",土地会飞,棺材自己能移动……这些怪异的地理现象和自然奇观,在这一章里都会有详尽的描述。

少年探索·发现系列

地球自转为何变慢

哪些现象证明地球自转在变慢？
如何解释地球自转变慢这一现象？

地球的运动是变化着的，而且极不稳定。地质学家根据对各地质时代的化石，特别是珊瑚、双壳类、头足类、腹足类和叠层石的生长节律和古生物钟的研究，发现地球自转速度在逐年变慢。这是因为很多生物的骨骼生长特征都表现出了年月周期。例如，现生珊瑚石每一"年轮"中有360圈"日轮"，石炭纪珊瑚化石一年有385～390圈"日轮"，泥盆纪珊瑚化石为385～410圈"日轮"。这说明泥盆纪和石炭纪一年的天数要比现代的多，也表明那时地球自转的速度较现在要快。

有了确凿的证据，地球自转速度变慢就毋庸置疑了，然而人们却对其变慢的原因提出了不同的解释。最初，研究人员认为，这是月球和太阳对地球产生的潮汐摩擦造成的。后来，又有人提出了新的见解，认为地球半径的胀缩，地核的增生，地核和地幔之间角动量的交换，以及海平面和冰川的变化，都可能引起地球自转周期的长期变化。到底哪个说法更准确，仍需要科学家们进行更深入的研究。

▲ 地球内部的构造

◀ 地球自转示意图

最不可思议的自然未解之谜

地球磁极倒转之谜

什么证据能证明地球磁极曾经倒转？
地球磁极倒转有规律可循吗？

地球本身是一个大磁体，其磁性的产生与自转有关。自转使地球内部的电荷移动，产生电子流，从而形成南北向的巨大磁场。

近年来，地质学家发布了一个惊人的发现：地球磁场能够倒转。他们是怎样发现这个现象的呢？原来，火山熔岩在冷却的过程中，火山熔岩中的磁性物质在冷却凝固前会受当时地球磁场的影响而显示一定的磁性。地质学家通过研究这些熔岩，发现有些地方的熔岩其磁化方向是由北向南的，与现在地磁场由南向北的方向正好相反。经过进一步研究，他们又发现世界各地凡属同一时代的岩石，磁化方向都相同。这说明那些熔岩在凝固时，地球磁场的方向与现在的相反。

事实上，地球磁极倒转过不止一次。在过去的450万年内，南北磁极倒转过至少20次。在距今最近的70万年里，地球磁极至少有过5次短暂倒转，最近的一次大约发生在3万年前。不过自人类有文字记载以来，磁极还未倒转过。磁极倒转变化毫无规律可言，既无法预测，也说不清原因。

◀ 熔岩流动时会受地磁作用而磁化。

少年探索·发现系列

南北两极地形为何相似

南北极地区的地形在哪些地方相似?
这种相似是偶然的吗?

众所周知,北冰洋与南极大陆分别位于地球的两端,一个是大洋,一个是冰雪大陆,看上去似乎毫不相干,事实上两者却有着非常相似的面积和形态。

▲ 北极地区

北冰洋的面积为1478.8万平方千米,南极洲的面积是1400万平方千米,两者相差无几。如果将现今的北极点和南极点重叠在一起,并将南极洲顺时针旋转75°后叠置于北极之上,就会看到,南极洲正好嵌在北冰洋中。更有趣的是,北冰洋的深度与南极洲的海拔高度也有一定的联系。北冰洋有深达4000多米的南森海盆和欧亚海盆,南极洲恰好也有高达4000多米的山峦与之相对应;北冰洋的最深点水深5449米,而南极洲的最高点海拔5140米。这些似乎都表明,南极洲像是从北冰洋里挖出来的一般。

▲ 南极大陆

到目前为止,科学家只能承认这种地理"对称"事实的存在,却无法解释为什么会出现这种情况。

最不可思议的自然未解之谜

南北极大铁矿为何对称分布

南北极大铁矿的对称分布说明了什么？
铁矿分布与大陆板块漂移学说有什么关系吗？

俄罗斯西北部处于北极圈内的地区，有个叫科拉半岛的地方，其具体纬度是北纬66°～73°。前苏联的地质学家在科拉半岛发现了世界级的特大铁矿床，其品位和储量都是上乘的。这个发现令人鼓舞。地质学家们并没有就此止步，他们又把目光转移到与此对应的南极方向，从科拉半岛沿同一经线南下至南纬66°～73°相对称的地方——南极大陆的查尔斯王子山，在这里又发现一个70米厚、绵延200多千米的带状磁铁矿。

在南北极对称地点发现世界级的超级大铁矿是非常有趣的。人们由此提出疑问：这种铁矿分布与南北磁极的位置有什么关系呢？这一现象与人们通常所说的大陆漂移有何关系？如果把南北极已发现的铁矿与美国、澳大利亚以及中国海南岛的铁矿联系到一起去考虑，那么这可能反映了大陆板块漂移的某种规律。这种运动规律非常有趣，但人们却无法解释这一现象的原因。

◎ 铁矿石

◎ 铁矿山

少年探索·发现系列

什么力量令大陆漂移

"大陆漂移学说"是怎样提出来的？
为什么"地幔对流假说"遭到质疑？

20世纪以前，人们一直都认为海陆位置是固定的。然而到1915年，这一观点被德国气象学家魏格纳推翻。魏格纳在《海陆的起源》一书中提出"大陆漂移论"，从此动摇了人们"海陆位置固定论"的观念。

▲ 能拼在一起的地球板块

魏格纳通过观察地图发现，南美洲东海岸和非洲西海岸的轮廓十分吻合，而且这两个海岸在对应的位置上能找到对应的山脉和对应的矿山。后来，他又搜集了许多古气候、古生物的证据，用以证实大约2亿年前，地球上只有一块陆地，陆地被一片广阔的海洋所包围。由于地球自转的离心力作用，原始大陆产生裂隙，美洲陆块在地球自转的过程中渐渐落后，日久天长便形成今天的大西洋。

揭秘大自然 Nature

大陆漂移学说

远古时期，地球上的大陆彼此连成一片，称泛大陆。1.8亿年前，泛大陆开始分裂，漂移成两大块，南块叫冈瓦纳古陆，北块叫劳亚古陆。到6500万年前，今天的海陆分布格局才基本形成。

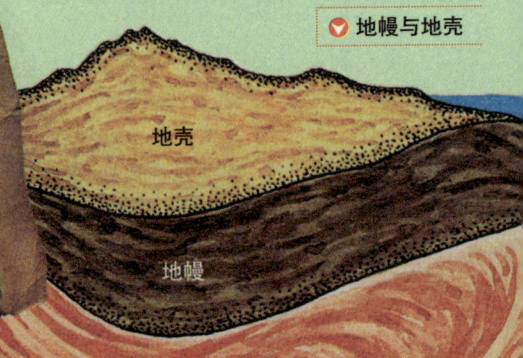

▼ 地幔与地壳

地壳

地幔

最不可思议的**自然未解之谜**

地幔
地核

地球内部构造

20世纪50年代，古地磁学的兴起，以及后来放射性同位素的发现，为大陆漂移提供了可靠的证据。现已发现，各大洋中间海岭两侧的古地磁异常带，以及正向带和逆向带都呈对称分布；海岭两侧岩石的年龄也大致对称排列，而且离海岭越近越年轻，离海岭越远年代越久远。

大陆漂移理论得到了肯定，但其漂移的动力又是什么呢？对此，人们提出了种种假说，其中较有影响的是地幔对流假说。地球深部的核心称地核，呈高温熔融状态，它使外围的地幔升温，令靠近地核部分的岩层熔化。地幔下部的热不能有效地散发出去，热量便积聚起来，致使地幔升温，地幔物质成为塑性状态，形成对流运动。地幔的热对流在大洋中脊处上升，沿着海底水平运动到大洋边缘的海沟岛弧带，随着水平长距离运动而冷却，最后沿海沟下沉，又回到地幔层中消失。由于地幔的对流运动，漂浮在它上面的板块也被带动做水平运动。

然而，有许多科学家对"地幔对流假说"表示怀疑。他们认为，如果地幔对流力存在，那么泛大陆就不可能存在，而且还会与地球磁场的成因相互矛盾，等等。

由此看来，要揭晓大陆漂移的动力源之谜仍需新理论。

人们推测出来的陆地变迁

少年探索·发现系列

地震形成寻因

地震时,地球内部发生了什么?
决定地震形成的原因是什么?

全世界每年2级以上的地震平均要发生12000次,6.5级以上的大地震平均要发生100次左右。2008年5月12日,中国四川汶川地区就发生了8.0级大地震。

▲ 印度的亚齐地震

当一场具有相当规模的地震发生时,科学家们可以精确地告知人们地震震源在哪里,或解释出地震是由什么样的断层运动产生的,甚至还能预测余震持续的时间。但奇怪的是,所有地震学家和地球物理学家都不能准确地说出,当地震发生时,地球内部究竟发生了什么。

人类在揭开地震之谜的过程中,运用丰富的想象创造出了种种神话与传说,如中国的"鳌鱼翻身说"、日本的"地震虫说"等。但随着科学的发展,人们渐渐从蒙昧中走出,对地震有了新的认识。古希腊哲学家伊壁鸠鲁认为,地震是由于风被封闭在地壳内,使地壳分成小块并不停地运动造成的。随后出现了古罗马学者卢克莱修的"风成说",即来自外界或大地本身的风或空气的某种巨大力量,突然进入大地的空虚处,在这巨大的空洞中掀起旋风,继而将由此产生的力量推向外界,

揭秘大自然 Nature

南北极不发生地震之谜

在地震史上,南北极地区从未发生过任何级别的地震,这一直是地质学界的一个未解之谜。有科学家认为,这是冰层造成的,它削弱了来自地球内部的冲击力,分散了使地壳变形的力,因此不发生地震。

与此同时大地出现深的裂缝,这便是地震。再有古希腊科学家亚里士多德,他提出地震是由突然出现的地下风和地下灼热的易燃物体造成的。

20世纪伊始,科学家们开始深入研究地震波,从而为地震科学掀开了新的一页。目前,有关地震成因的假说主要有"岩浆说""相变说""断层说"等,其中"断层说"传播较为广泛。"岩浆说"认为,岩浆的活动是岩层破裂的主要原因,岩浆的冲击不仅能在火山地区触发构造地震,而且在非火山地区也能造成岩层破裂而引起地震。"相变说"认为,深源地震的震源机制是介质体积的突然变化(膨胀或收缩)。"断层说"则认为,地震是由地壳岩石沿断层发生剪切错动引起的。"断层说"虽能解释一些伴随地震发生的现象,但其观点也与很多观测结果相矛盾。因此,很多学者对此表示质疑,并提出相应的新假说。可是这些新假说本身也存在缺陷,因此至今仍未动摇"断层说"的地位,地震之谜仍有待深入探索。

▲ 断层引发的地震

▼ 地震引起桥梁倒塌。

火山定期喷发之谜

火山喷发也有规律可循吗?
是什么因素决定了火山定期喷发?

在地壳之下的100～150千米处,有一个"液态区",里面是熔融状的岩浆,它一旦从地壳薄弱的地段冲出地表,就会形成火山喷发。

通常,火山喷发是没有规律可言的,然而在意大利西西里岛以北的利帕里群岛中有一座斯通博利火山,它每隔一段时间就喷发一次,从古到今一直如此,因此被誉为"地中海的灯塔"。无独有偶,在亚洲的菲律宾群岛中,也有一座定时喷发的火山——马荣火山,它的喷发也很有规律,据记载在20世纪的几次喷发时间为1928年、1938年、1948年、1968年、1979年底,大致每10年喷发一次,唯独50年代缺了一次。

这些好像时钟一般能定期喷发的火山因何形成?为何能够如此有规律?至今,这还是未解之谜。

▲ 正在喷发的火山

▼ 会定时喷发的火山

泥火山成因探究

泥火山活动时是什么样的？
泥火山的成因与火山活动有关吗？

泥火山在地球上分布并不多，仅在美国、俄罗斯、墨西哥、新西兰、中国等少数国家出现。泥火山活动时，看上去就像个浑浊的泉水坑，稀稀的土黄色泥浆从地底下一个劲儿地往外翻滚涌动，不时地咕嘟咕嘟冒泡，犹如大地在沸腾。泥火山活动时会散发出带有臭味的沼气、硫化氢等气体，有的气体甚至可以点燃。令人意外的是，那滚滚翻腾的泥浆温度却很低，因而也有人把泥火山称为"凉火山"。有的泥火山除了喷泥外，还会喷火；有的则连泥带水高高蹿出，看上去好像泥喷泉。

▲ 新疆境内的泥火山

泥火山的成因至今尚未被完全搞清楚。学术界对此一直存在争论，观点大体上可分为两大类：一种观点认为，泥火山的形成和沉积作用有关，即地下存在着富含有机质的沉积物，其中蕴藏着大量的水和碳氢气体，它们一旦遇到地壳裂隙，就携同周围的泥土、岩屑一齐喷出地表，形成泥火山；另一种观点认为，泥火山的形成与火山活动有关。目前，有关泥火山的研究还在继续。

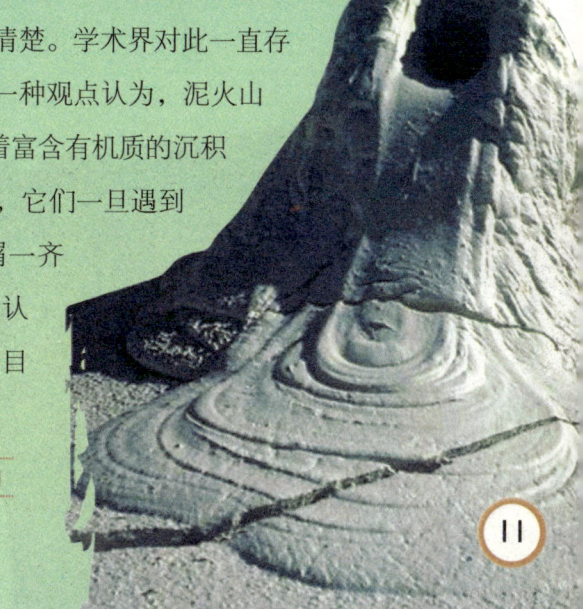

▷ 正在活动的泥火山

少年探索·发现系列

乐业天坑疑团

> 乐业天坑是怎样形成的?
> 天坑内的冒气洞为什么会冒气?

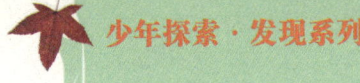
△ 天坑是由石灰岩洞穴塌陷形成的。

天坑是喀斯特地区的一种特殊地形,主要分布在中国、墨西哥、巴布亚新几内亚等少数国家,其中中国广西百色地区的乐业天坑是世界上已发现的最大的天坑群。

乐业天坑群由20多个天坑组成,其中最大最深的天坑叫大石围天坑,深达613米,南北宽420米,东西长600米,周边为悬崖绝壁。这些天坑是如何形成的呢?有专家认为,这可能是地下暗河长期腐蚀造成地下空洞后引起地表大面积坍塌所致。

天坑底部的原始森林面积达几十平方千米,里面有溶洞群、地下河流相通。有位美国探险家在坑底的地下河里发现了世界罕见的鱼种——盲鱼。另外,还有人在天坑内拍到了蓝色的石头、方形的竹子以及许多叫不出名字的植物。这些都说明,乐业天坑群底部可能存在一个较原始的生态群落。

天坑群景观最奇绝的要数白洞天坑,它除与其他天坑一样具有地下原始森林与地下暗河外,还与相隔1.1千米的天星冒气洞相

◁ 乐业天坑

▲ 大石围天坑

通,形成了自然界最奇特的景观——一边洞口吸气,另一边洞口出气。从洞口冒出的白烟,在方圆几百米外都能看得清。奇怪的是冒气洞会冒气,为什么其他的天坑洞穴却没有这种景观呢?专家们也无法解释。

　　另外,大石围附近有一个莲花洞,洞中发现了大大小小的岩溶莲花盆200多个,还有为数众多的穴珠(球状的颗粒物)。莲花盆是一种钟乳石,因形状酷似舒展于水面的睡莲而得名。莲花洞为什么发育了如此众多的莲花盆和穴珠?其发育的条件是什么?这些问题还有待专家们进一步研究。

　　除了已发现的天坑,广西百色乐业县境内是否还存在着不为人知的天坑?在这片神奇的崇山峻岭下面,是否还有仍在继续坍塌的溶洞?它们还会形成新的天坑吗?人们希望,这些疑团会随着科学考察、探索的深入被一一解开。

▼ 莲花洞

揭秘大自然 Nature

认识天坑

　　天坑,学名喀斯特漏斗,是在喀斯特地面上发育的一种漏陷地貌。按国际洞穴协会和中国地质学会洞穴研究会公布的标准,洞口直径大于200米、垂直洞深超过200米的喀斯特漏斗才称天坑。

少年探索·发现系列

撒哈拉沙漠曾是绿洲吗

什么证据能证明撒哈拉沙漠在远古时期是绿洲？
为什么撒哈拉绿洲会消失？

撒哈拉沙漠是世界上除南极洲之外最大的荒漠，位于非洲北部，气候条件极其恶劣，是地球上最不适合生物生长的地方之一。然而，令人迷惑不解的是，在这块极端干旱缺水、植物稀少的大地上，竟然曾经有过繁荣昌盛的远古文明，沙漠上遗存的古文明遗址及其中的大型岩画就是这一远古文明存在的证据。

难道说撒哈拉沙漠过去不是荒凉的无人区？通过一系列考古，人们发现，撒哈拉沙漠在公元前6000年至公元前3000年的远古时期，是一片郁郁葱葱的绿洲。

19世纪中叶，一位叫巴尔斯的德国探险家，在阿尔及利亚东部的恩阿哲尔高原地区意外地发现了几个古文化遗址。他在遗址岩壁上发现了许多岩画，并注意到画中的图案除了刻有马和人外，竟还有水牛。随后，他在沙漠其他地带的遗址岩画中也发现了水牛，不仅如

◁ 原始人类的岩画

◁ 渐变为荒漠的大地

▲ 撒哈拉沙漠

此，还有犀牛、河马等依水而居的动物，但未见骆驼。由此，他推测远古时代这里一定是有水有草的大草原。于是，他把撒哈拉的历史分成了前骆驼期和骆驼期，用来区分撒哈拉沙漠的草原时代和沙漠时代。后来，这一划分方法被考古学家们普遍采用。

那么，撒哈拉的绿洲时代是什么时候结束的，沙漠时代又是什么时候开始的呢？

科学家们发现，大约在公元前3000年以后的撒哈拉岩画上，那些水牛、河马和犀牛的形象逐渐消失了，这说明撒哈拉地区的自然条件正在发生变化。到了公元前200年，山洞岩画里才有了骆驼的形象，这说明此时的撒哈拉已成为了沙漠。

科学家推测，撒哈拉地区大致经历了这么一个变化过程：撒哈拉地区先是气候发生突然变化，雨水量迅速减少，导致沼泽慢慢变干。与此同时，生活在这里的人们不知道保护生态环境，大量砍伐树木，无节制地放牧，致使这里渐渐演变为沙漠。

尽管这一结论是基于原始人绘制的岩石壁画得出的，但其中仍有许多疑点。例如，撒哈拉为什么会发生气候突变？绿洲会不会仅限于小片区域呢？目前，这些疑问还无法得到解答。

揭秘大自然 Nature

沙漠是如何形成的

沙漠是由干旱的气候造成的。从沙漠的分布来看，也能证实这一观点。目前，世界大部分沙漠都集中分布在北非、西南亚、中亚和澳大利亚地区，而这些地区都处在气候干旱带内。

▼ 撒哈拉沙漠

少年探索·发现系列

死亡陷阱——流沙

> 流沙与沙粒形状有关联吗？
> 什么因素决定了流沙的发生？

▲ 流沙地

在沙漠里、湖沼边的沙地上经常会出现流沙，让人避之不及，丧生于此。为什么这些沙地会变成可怕的陷阱呢？

起初，人们以为流沙是由滚圆度良好的圆粒沙组成的，沙粒间能互相辗转滚动，有人踏在上面时，滚动的沙粒便转动着"让路"，人就往下陷。这一说法似乎有一定道理。然而，当科学家把普通沙和流沙的沙粒放在显微镜下仔细对比后却发现，流沙和普通沙一样，都是由棱角状的沙粒构成的。

那么，沙粒的表面会不会有一层润滑液之类的东西呢？人们在沙粒表面没有找到所谓的润滑液。后来，有位科学家猜测流沙与水有关。于是，他设计了几组实验，让水以不同的方式从沙内流过，结果发现：当水从沙下面往上注入沙内时，流沙出现了。原来，流沙是地下水上涌引起的，它使沙粒散开，呈半漂浮状。人一旦踏在沙上，便会像在水中一样往下沉。事实果真如此吗？这还有待于实地考证。

> 流沙会在什么地方发生？

产香稻的神奇水田

香稻为什么只产自5块田里？
香稻的出现是稻种的原因还是土壤的原因？

▷ 稻田

在海拔1200多米的重庆市石柱土家族自治县悦来乡寺院村土家山寨，有5块能使普通水稻变成香稻的神奇水田，它的这一"特异功能"历千年而不衰。

这5块地的面积约有1334平方米，位于寺院村大片梯田的中央，从外表上看没什么特别之处，但是在这几块地里种出的稻谷，却与周围水田经同耕、同播、同生长、同管理种出的稻谷判若两样，犹如生长在两个天地。最奇特的是，不论变换什么稻种，这5块田地都能产香稻，而且不论遇上多大的干旱和灾害，这里总是旱涝保收，稻香气不减，米色和米质不变。据清朝《石柱县志》上记载："香稻产自悦来寺院，此米呈明色，晶亮，喷香扑鼻，馥溢四邻；成饭后如油拌，胜过糯米……"

这5块香稻水田成为一个令人费解的谜，至今都无人能解释其中的奥妙。我们相信，香稻水田之谜在不久的将来定能揭开，一旦揭开，定会具有土壤学、地理环境学等方面的重大科研价值。

◯ 香稻的成因让人难以捉摸。

少年探索·发现系列

会飞的土地

土地会飞是真实的还是传闻?
地形和天气是事件的诱因吗?

▲ 谁是稻田上"飞地"怪事的祸首?

1989年6月13日晚,一场百年未遇的特大暴雨袭击了四川省珙县三溪乡。第二天清晨,村民们出门查看被暴雨洗劫之后的庄稼地,他们惊异地发现,一座山坡上面积达666.7平方米的种满玉米、黄豆、土豆的土地不翼而飞,只剩下一条裸露出山石的长洼地。很快,他们便发现,在相距此山120米的对面山上,一块水稻田也不见了,上面却长满了玉米、黄豆、土豆苗,庄稼都完好无损。他们这才反应过来,原来是这边的庄稼地"飞"过了山,覆盖在对面的水稻田上了。令人惊奇的是,位于两山之间的公路、小河、数亩水稻田上面,竟没有留下一点泥土和石块。这件事如迷雾一般笼罩在人们心头。

后来,有专家推测,可能是充足的降雨润滑了山坡上那块地与山体之间的接触面,使那块地向下滑落,在特殊地形的作用下"飞"起来,跌落在120米外的稻田上。这起罕见的"飞地"事件的成因真这么简单吗?我们期待能再次印证这个结论。

◀ 山间的田野

神秘的"寂静区"

"寂静区"的磁场是从哪里来的？
"寂静区"内奇异的现象与磁场有什么关系？

"寂静区"地处墨西哥木马皮米盆地国家生态保护区内，这里出现的一些奇怪现象至今仍无法解释：电磁波到了这里便消失得无影无踪，人进入其中便无法用电磁波与外界联系；陨石随处可见，流星雨更是这里的常客；飞机飞越该地区上空时，导航系统会完全失灵；各种古生物化石遍地皆是；毗邻地区风雨大作，这里却永远骄阳似火。

▲ 强大的磁场可使罗盘等仪器失灵。

关于"寂静区"内奇特现象的解释有很多，其中最流行的是科学家提出的"磁场说"，即这一地区的下方存在一个强大的电磁能量场，这样便可以对陨石坠落以及雷达系统失灵等现象做出合理解释。但为何只有这里具有强大的磁场呢？有人猜想，地核在这个位置更接近地表从而产生比其他地方更强的磁场；更有人猜测，这里的地下曾经是外星人储存能量的仓库。猜测终归是猜测，"寂静区"的谜团在目前还无人能解。

▽ "寂静区"处在一片荒野内，其中怪象众多。

少年探索·发现系列

违反常规的"魔鬼地带"

为什么"魔鬼地带"内的东西都变倾斜了?
"魔鬼地带"内的怪象是重力异常的表现吗?

从美国加利福尼亚州的海滨城市旧金山驱车南行,大约两个小时,就可到达圣塔克斯小镇。在该镇的郊外,有一片神秘的地带,被人们称为"魔鬼地带"。

据说,这块区域直径约150米,面积约1.7万平方米。这里是一片茂密的树林,可奇怪的是,林中的所有树木都如同遭遇了台风一般,向同一个方向大幅度倾斜。人也不例外,只要一进入此地,就无法垂直站立了,身体会与树木一样,不由自主地向同一个方向倾斜,而且不会跌倒。自1940年以来,这里吸引了不少游客和科学家。这里还有一个倾斜欲倒的小屋,进入屋里的人都会无一例外地斜着站立。屋里一角斜放着一块板,如果把球放在板的低端,球就会顺坡向高端滚动。

"魔鬼地带"里的种种怪异现象,完全违背了地球上的物体所遵守的万有引力定律,也就是物体不再按所受的重力作用而运动了。这个现象很蹊跷,谜底至今还无人揭开。

▶ 圣塔克斯附近覆盖冰雪的植物

青海"魔鬼谷"寻魔

谷里雷暴频发与这里的环境气候有关系吗？
谷内的磁铁矿与雷雨发生了什么样的作用？

在我国西北部的青海地区，有一个长100千米、宽30千米的狭长谷地，南有昆仑山，北有阿尔金山，东起青海省茫崖镇，西至新疆若羌县境内的沙山。这里平均海拔3200米，雨量充沛，气候湿润，林木繁茂，牧草丰美，是一片很好的天然牧场。然而，这里却被称为"魔鬼谷"，千百年来被视为禁地。原来，曾有许多人和畜群被这块谷地夺去了生命。

"魔鬼谷"天气晴朗时还好，一旦遇上天气变化便阴森恐怖，平地生风，电闪雷鸣，特别是滚滚炸雷，震得地动山摇，成片的树林被烧焦。谷中的人和动物只要遇上这样的天气，便要遭殃，肯定会被雷击中，而且绝没有生还的可能。最初，人们不明原因，便认为是魔鬼干的。近年来，科学家们经过实地考察后指出，谷内分布着大面积强磁性玄武岩和石英闪长岩矿脉及铁矿脉，因此猜测很可能是它们与雷雨磁场作用引发了雷暴天气，致使雷击事件频发。事实果真如此吗？还有待科学家们进一步探索。

▲ 天气晴好时，青海"魔鬼谷"内欣欣向荣。

◀ 乌云从昆仑山上经过。

少年探索·发现系列

"谜"世界——神农架

神农架里的有声"鬼市"是怎么回事？
为什么白化动物在神农架里很常见？

位于湖北省西部的神农架，是一处保存完好的原始森林，面积为3250平方千米。那里风光绮丽，处处有奇观，又处处有难以解释的谜团。

到过神农架的人都赞叹那里秀美的景色，还有不少人声称在那里见识过"鬼市"，体验了身临幻境的感觉。当人站在高耸入云的山顶，就看到了好像鬼魂一样的人影在晃动。"鬼市"又叫作"山市"，是一种虚幻的蜃景。还有人声称，不仅看见了"鬼市"，还听到了"鬼市"里嘈杂的人声和车马的喧闹声。"鬼市"的成因是怎样的呢？有声"鬼市"又是怎么回事？这令人难以解释。

▲ 神农架兴飞瀑布

神农架里有一个"冷暖洞"，洞内到处是奇形怪状的石柱、石笋、石帘、石鼓。不过令人称奇的是，这个洞的洞口有一条非常明显的冷暖交界线：站在冷的一边，人们感到冷风嗖嗖，寒气逼人；站在另一边，马上又有春风拂面而来的感觉。左右两边相隔不过一条线，但温度却相差10℃以

揭秘大自然 Nature

白化动物

在同一物种中，偶尔会出现异于同种动物的个体，它们在羽色或毛色上与同种动物有明显的差别，一般呈白色，但其体内结构及各种器官与同种个体并无差异，这就是白化动物。

上。是什么原因造成这么大的温差呢？有人分析是洞口构造特殊造成的，它可能在无形中隔离了冷暖两股空气，从而形成了一个独特的空气门帘；也有人认为是洞底下另有玄机，是温泉之类的热源散发出的热量造成的。总之，说法不定，还没有定论。

神农架有一个叫"小当阳"的地方，那里有一条河。这条河乍看没什么异样，但只要顺着河往下走四五十米，就可以看见潮涨潮落的现象，并且一天发生3次，特别有规律。这一现象在河流中很不常见，其中的原因也没有人说得清楚，仍是一个未解之谜。

人们常把神农架称为"白化动物之乡"。到目前为止，人们在这里发现了白金丝猴、白松鼠、白蜘蛛、白乌鸦、白熊、白狼、白蛇、白龟、白麝、白麂等20多种白化动物。在世界其他地方，人们也曾发现过白化动物，但种类和数量都不如神农架这么多。这是为什么呢？专家和学者对此一直困惑不解。

神农架这个神秘的地方留有太多的谜团，需要人们去一一破解。

▲ 神农架内的山间小溪

● 神农架郁郁葱葱，是一处保存完好的原始森林区。

少年探索·发现系列

秘境黑竹沟

黑竹沟内为什么频发失踪事件?
失踪的人到哪里去了?

位于四川盆地西南部小凉山境内的黑竹沟,海拔4288米,为一片原始森林。沟内处处呈现着古朴与清新之美,却又蕴藏着神秘难解的谜团。

黑竹沟处于四川盆地与川西高原的过渡地带,沟内重峦叠嶂,溪涧幽深,迷雾蒙蒙,给人一种阴沉沉的感觉。这里自然条件复杂,生态原始,加之彝族古老的传说和彝族同胞对这块神奇土地的崇拜,以及曾出现过数次人、畜进沟神秘失踪的事件,于是更显得神秘莫测。

自1951年至今,川南林业局、四川省林业厅勘探队、部队测绘队和彝族同胞曾多次在黑竹沟遇险。据当地的彝族长者介绍,1950年,国民党胡宗南残部30余人,仗着武器精良,穿越黑竹沟,入沟后无一人生还。因此,这里便有了"魔沟""恐怖死亡谷"之名。

黑竹沟内经常迷雾缭绕,浓雾紧锁。考察者猜测,死亡失踪事件很可能与雾有关,人们在浓雾中迷路,加之地形不熟,便很难逃脱谷内的天然陷阱。今天,黑竹沟依然笼罩着神秘色彩,或许只有迷失其中的人才知道它的秘密。

▼ 黑竹沟所在的小凉山

洞穴谜团

> "风洞"内为什么会同时出现冷暖不一的气流?
> 为什么在"夏冰洞"内会出现冬融冰、夏结冰的现象?

湖南省石门县九渡河乡境内的九杨路旁有一个奇妙的岩洞,被当地人称为"风洞"。"风洞"洞口约有1平方米,不断向外喷出气流。洞内气流与外界空气相遇后就凝结成了白雾状,好像银链一样常年缭绕在洞口,并绵延到九杨公路的路面上。远远望去,公路仿佛突然中断了似的。更有趣的是,当人站在洞口处时,全身上下的感觉是截然不同的:盛夏时节,上半身热风烤人,使人流汗不止,下半身则凉风飕飕,酷热的感觉顿时没了;隆冬时节,上半身感到冰冷刺骨,下半身却有暖流袭人的感觉。

与"风洞"有异曲同工之妙的是三峡景区的"夏冰洞",它坐落在红池坝草场东面的大山顶垭口处。只要池坝气温在15℃以下,无论冬夏,洞内的水均不结冰;但当坝上气温超过15℃,气温越高结冰越多,气温下降冰反而融化。

这些有悖常规的现象,实在让人难以理解。

◀ "夏冰洞"内的冰在天寒时才融化。

▶ 幽深的"风洞"

少年探索·发现系列

令人害怕的山洞

卡什库拉克洞里有什么诡异的事物让人害怕吗？
脉冲能影响人的心理吗？

在俄罗斯的西伯利亚地区，有一个叫卡什库拉克的神秘洞穴，凡是到这个洞来考察的专家，都有过一些令人震惊的经历：人一进入洞中，就会无缘无故地感到恐慌和害怕，然后慌不择路地冲向洞口。出来以后，人们往往不能解释自己为何会慌张逃跑。

卡什库拉克洞里到底有什么？人们为什么会在这里有如此惊慌失措、不正常的举动呢？为了探索这个奥秘，许多专家来到卡什库拉克洞进行考察。结果，人们对于在洞穴里发生的一切，描述的都大同小异。由此，有人怀疑洞里可能存在某种化学物质，它会让人产生某种幻觉。后来，有位探险家带着仪器进入山洞深处，他注意到磁力仪上出现了一股固定的低频脉冲。探险家认定，它就是使人心理和生理紧张的罪魁祸首。但这个脉冲是从哪里来的呢？探险家搜遍了山洞也未发现。他相信发出脉冲的装置就藏在山洞里。那么，这些脉冲信号究竟是发给谁的？又在起什么作用呢？这一切都找不到合理的解答。

△ 从山洞望出去的景象

▽ 神秘洞的入口

最不可思议的自然未解之谜

钟乳石"开花"之谜

钟乳石是怎么形成的？
是什么原因致使钟乳石弯曲生长？

钟乳石是自溶洞顶部向下生长的圆锥或圆柱状碳酸钙沉积物。渗透水流入洞顶后因温度、压力的变化，二氧化碳逸去，水中的碳酸钙因过饱和而析出形成钟乳石。开始它以小突起附在洞顶，后逐渐加长，自上而下生长，呈同心圆状。

白云洞坐落在我国华北平原与太行山余脉交界的崆山地区，面积约4600平方米。这个洞内的溶岩造型多样，富于变化，在北方已发现的溶洞中是绝无仅有的。洞内有笔直的石管、形态绮丽的牛肺状彩色石幔、石帘和晶莹如珠的石葡萄、石珍珠等，而其中最奇特的要数钟乳石"节外生枝"的"开花"景观。"节外生枝"的钟乳石是一个网状卷曲石，与普通的钟乳石不同，不是垂直向下生长的，而是凌空拐了一个直角向旁边生长，并且拐弯一段的前端比后端粗壮，看起来好像花开一样。钟乳石"开花"现象，在我国广东、北京等地的溶洞中也有出现。为什么会出现这种现象？这实在令人不解。

▲ 溶洞里挂满了形态各异的钟乳石。

◀ 钟乳石通常都是垂直向下生长的，能弯曲"开花"的很少见。

少年探索·发现系列

金刚石的来历之谜

金刚石难道不是自然形成的吗?
从天外而来的金刚石又能说明什么?

▷ 打磨后的钻石

金刚石又叫钻石,具有晶莹透亮的光泽、超强的硬度,因此被称为"宝石之王"。

对于这种美丽而稀少的宝物,人们迫切想知道它的来历。最初,多数人认为,金刚石来自地下的矿石,是金伯利岩本身所含的游离碳在剧烈的岩浆活动中,也就是在高温、高压条件下结晶形成的。这是因为人类已在实验室里利用极高的温度和压力,批量生产出人造金刚石;另一方面,盛产金刚石的金伯利岩也仅分布在有火山喷发活动的地质带上。

然而到1888年,一个意外的发现改变了众人的看法。科学家在石质陨石中发现了金刚石细粒,并且这些金刚石的年龄竟与地球的接近,有几十亿年了。金刚石产自地下的观点受到了质疑。科学家们大胆地猜想,宇宙中的金刚石数量多得惊人,它们参与了太阳系的演化,最终被留在了地球上。这么看来,金刚石究竟来自天上还是产自地下,仍是一个令人难以捉摸的谜。

◁ 有人认为,火山活动创造的高温和高压条件,促生了金刚石的形成。

▷ 重达620克拉的钻石原石

最不可思议的**自然**未解之谜

陨石坑中的陨石之谜

为何只见超级大坑，却不见肇事者？
本该熔化的陨石为何找不到遗迹？

▲ 位于美国亚利桑那州的巴林杰陨石坑

近一个世纪以来，由陨石引起的不解之谜越来越多。1891年，有人在美国亚利桑那州巴林杰发现了一个直径为1280米、深180米的巨大坑穴，坑周围有一圈高出地面40多米的土层。这个巨大的坑是怎样形成的呢？人们迷惑不解。

经学者们考证，这是陨石坑，是2.7万年前，一个重达22000多吨的陨石，以58000千米的时速坠落地球时冲撞而成的。然而令人奇怪的是，留下这个大坑的庞然大物却不见踪影。有人估计，陨石就落在坑下几百米的地方。后来，科学家们认识到，陨石在落地时被击成碎块了。但是让科学家疑惑的是，陨石以如此快的速度撞击地面，应该释放出大量热能，陨石本身富含铁矿物质，碰撞产生的高温会使它们瞬间熔化，但在当地从未发现过熔化的铁矿石的遗迹。这是什么原因呢？相信这个疑团会随着研究的深入而解开。

◆ 陨石坑　　　　　　　　　◆ 坠入地球的大陨石

少年探索·发现系列

神奇的香味石

怎样才能让茴香石释放出香味?
茴香石的香味是从哪里来的?

在广西壮族自治区天峨县向阳镇平腊村板凤屯的一条山路上,有一块石头令人称奇,因为它能发出浓郁的茴香气味,所以被当地人称为"茴香石"。这块石头看上去跟普通石头差不多,重约2000千克,外表呈棕褐颜色,形状如圆锥,高1.3米,直径达1米多,埋在地下的部分也有1米多。

自然界里的怪石很多,但像香味石这样的奇石却并不多见。

游人到这里,只要在这块石头上连拍三巴掌,手掌上便会有一股奇特的香味,香味可存留约15分钟。但令人不解的是,如果用手掌只拍一两下,或超过三下时,手掌上就闻不到香味了。曾经有人不满足于现场体验,就动手敲下一块带回去。但令人遗憾的是,一旦石头离开它的母体,就再也散发不出任何香味。真是好奇怪的石头!

到底是什么原因让这块石头拥有了神秘的香味呢?为什么只能拍三下才出香味呢?据专家称,这应该是一种香味石,香味来自岩石中所包含的某种有机物。然而,对于具体是哪种有机物,为何拍三下才会释放出香味,都还是未解之谜。

石头的香味可能源自其所含的有机物。

怪异的圆石球

圆石球的形态特殊在哪里？
圆石球在世界许多地方都能见到，这说明了什么？

△ 怪石球

在南美洲哥斯达黎加的一些森林沼泽地带，散布着许多圆球形状的石头，它们虽然大小不一，但表面各处的圆滑程度几乎完全一样，简直是非常标准的圆球。

哥斯达黎加的森林沼泽并不是世界上唯一发现石球的地方，德国的瓦尔夫格堡，埃及的卡尔加，美国的加利福尼亚州和新墨西哥州，新西兰的墨埃拉·鲍尔达海滩，以及我国山西雁北地区和新疆，都曾发现过神秘的石球。在一些火山附近，人们也发现过这类石球。

这些神秘的石球到底从何而来呢？有人说石球来自宇宙。也有考古学家称，它们是石器时代人类创造的工具，或是某种宗教的祭祀品。但大多数科学家对此提出异议，认为它们是大自然的天成之物。对于那些分布在火山附近的石球，有不少科学家认为，它们的形成可能与熔岩的热力作用有关。但这一解释还不足以服众，因为在绝大多数火山区都没有找到过石球。这些石球究竟从何而来，或者说它们的形成究竟需要什么样的条件，至今这仍是一个难解的谜。

▷ 哥斯达黎加的石球

香格里拉在哪里

传说中的香格里拉真的存在吗?
真正的香格里拉在哪里?

"香格里拉"的美名,来自美国作家詹姆士·希尔顿的传奇小说《失落的地平线》。书中详述了香格里拉———一个藏于西藏群山峻岭间的仙境,让栖身其中的人感受到前所未有的安宁。然而关于它到底在何处,人们一直争论不休。

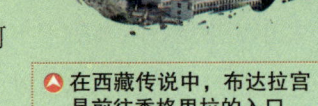
在西藏传说中,布达拉宫是前往香格里拉的入口。

有人推测,作者是以西藏古典传记中的世外桃源"香巴拉"为依据写成的,据称那里雪山环绕,天地纯净如水,黄金佛塔林立,处处宁静祥和。根据西藏传说,前往香格里拉圣地的入口在布达拉宫的神殿之下。另有传说,香格里拉不在西藏,而在印度和巴基斯坦交界处的克什米尔地区。近年来又有人称,真正的香格里拉在云南的中甸,这里雪山环抱,天空碧蓝,泉水清澈,居民都是藏族同胞,而且他们始终认为自己居住的地方就是香格里拉。

神秘而又美好的香格里拉究竟在哪里?迄今为止还没有定论。

云南的梅里雪山也是一处藏民心目中的香格里拉。

最不可思议的自然未解之谜

跨越两大洲的巨人脚印

花岗岩上的巨人脚印是怎样形成的？
为什么巨人的左右脚印分别在两个大洲？

1912年，一个探险者在南非距斯威士兰西部边界44千米的一处原始密林中，发现了一个巨人左脚的脚印，印在花岗岩壁上，脚趾和脚形十分清楚，像是有人赤脚踏入泥中，后来泥印经过干燥硬化后保存下来的。这个脚印虽已发现多年，但很久以来没人去研究过它，因此不知道它是什么时候形成的。据当地的斯威士族居民说，他们最早的祖先在此定居时就有了这个脚印，但不知右脚印在何方。当地一位年纪最大的老人说，他父亲就对他说起过这个巨大的脚印。

巨人脚印的尺寸比正常人的要大多了。

这个谜还没有解开，人们又发现了新的谜。在亚洲斯里兰卡的科伦坡以东海拔2200米的亚当山顶上，有人发现了巨人的右脚印，也印在花岗岩上，而且与南非的那个左脚印大小和形状几乎完全相符，似乎是一对。这个巨人的双脚怎么能从非洲一步跨到万里之外的亚洲呢？它们是如何形成的？这成为了一个不解之谜。

巨人的左脚印留在了花岗岩石山上。

少年探索·发现系列

不可思议的火山足印

> 尼加拉瓜的古人类足迹特殊在什么地方？
> 这些足印说明了什么？

19世纪，美国一个叫尼尔普列的医生，在北美洲尼加拉瓜西部马那瓜湖以南一个叫阿卡华林卡的地方，发现了一处神秘的古人类足迹遗址。整个遗址由两个石坑组成，一个为正方形，另一个呈长方形，坑深约3米，坑底为平坦整齐的石头，上面排列着一行行深浅不一的人类脚印，其间还夹杂着一些动物的足迹。这些足迹无论大小、深浅，都清晰可见，有的甚至连每个脚趾都看得清清楚楚，仿佛是人类在雨后的泥地上走过留下的。经专家考证，这些古人类的足迹距今已有6000多年的历史。

然而令人不解的是，这些脚印是如何留在坚硬的石头上的？考古工作者和科学家们经过分析和鉴定，得出如下结论：这里的石头是由附近火山喷发出来的岩浆冷却、凝固、硬化而成的，而这些脚印则是在岩浆还没有完全硬化之前留下来的。这太不可思议了！人们还在继续寻找答案。

◁ 明显的脚印痕迹

◁ 熔融状的岩浆温度非常高。

能自己移动的棺材

> 棺材移动与磁场有关吗？
> 磁场通常只吸引铁，怎么会吸引裹了铅板的棺材呢？

据说，在大西洋里的巴巴多斯岛上，有一处由珊瑚石垒成、水泥加固的大墓穴，墓穴里的棺材多次发生了移动。在第一次发现棺材被移动了的时候，墓穴主人的家族成员还以为是仇人的恶作剧，就将棺材放回原处，并在大理石门上加了锁和封条。可当家族里又有人去世，人们再次进入封条和大锁完好的墓穴时，发现棺材又被移得横七竖八了，由此猜测是棺材出了问题。

按照当地的习俗，富有人家的棺材通常都用厚厚的铅板包裹，十分沉重。可奇怪的是，这个墓穴里所有裹了铅板的棺材都移动了，而没裹铅板的棺材却一点儿没动。人们猜测这可能与磁场有关，但同样裹铅板的棺材在别处的墓穴内并没有移动。当地人觉得这里太怪异，就把棺材全都迁葬别处，给后人留下了一个不解的谜。

▲ 墓穴

▼ 巴巴多斯岛

少年探索·发现系列

涌不完泉水的石棺

> 泉水的涌现与石棺有什么必然联系吗?
> 为什么科学考证无法解释这一现象?

△ 石棺所在的小镇位于比利牛斯山区。

在法国的比利牛斯山区,有个叫阿尔勒的小镇,镇上有个教堂,里面有一口制作于1500年以前的石棺,是用白色大理石雕成的。令人不解的是,从960年开始至今,这口石棺中长年盛满泉水。

据当地人说,960年时有一位修士从罗马带来两件皈依基督教的波斯亲王圣阿东和圣塞南的圣物,并将其放入棺内,此后便有一股清泉从棺内淌出,长年如此。有关专家前来进行考察发现,这口石棺的总容量还不到300升,而每年从这流淌出来的水却达500~600升。

1961年,两位法国工程师想揭开这个秘密,就对石棺泉水进行了一番研究,随后断言:泉水是由渗透入棺内的地下水、雨水等形成的。他们用砖木将石棺垫高架空,再在四周裹以塑料薄膜,又亲自守卫观察。可是,泉水依然长流不止。事实否定了他们的推断。1970年,英国《泰晤士报》悬赏10万美金揭晓石棺之谜。但30多年来,19个国家的100多位探索者均以失败告终。因此,石棺泉水常流至今仍是一个未解之谜。

◁ 石棺

最不可思议的自然未解之谜

离奇的天然录放机

> 天然录像是不是只在特定的环境中发生？
> 为什么大自然能记录下天然影像和音效？

20世纪80年代初的盛夏，在地中海海滩上度假的人们曾在黄昏时刻目睹了爱琴海上空出现的古代战争场面：身穿铠甲的士兵们手执盾牌长剑在浴血奋战，战场上尸横遍野。

在中国山海关附近的某地，也曾发生过类似怪事。一天夜晚，露宿在森林开阔地带的地质队员，忽然听到帐篷外杀声震天，刀剑碰击声和战马嘶鸣声交织成一片。第二天夜晚，类似的事又发生了。队员们立即冲出帐篷，打开手电筒四处寻找，却什么也没看见。后来，有地质队员在史料中发现，这里曾是一个古战场。

这样的事在世界各地都曾发生过。有人认为，在磁性强度较大的环境里，并在适宜的条件下，影像、声音很可能被周围的建筑物、岩石、铁矿甚至古树记录并储存下来，而在特定的条件下又会还原播放。还有人认为，是能"记忆"的铁钛合金类物质造成了这一现象。这些说法都还有待于进一步的证实。

山谷能将收集到的声音通过岩石中的磁性物质记录下来吗？

山海关历来是兵家必争之地，附近地区多是古战场。

少年探索·发现系列

神秘之声

怪声是否与声音传播有关呢？
为什么有些声音找不到声源？

"塞内卡之声"久久困扰着当地人。

1977年冬天，整个美国东部沿海地区常能听到不寻常的隆隆声。对此，成千上万的居民感到惶恐不安。美国米蒂尔研究中心对这种声音进行了研究，研究结果表明：四分之三的声音来自超音速飞机，或其他人为的噪音，由于天气晴朗，因而声音传得很远很远；余下的四分之一，说得确切一些，另外181次声响，虽然全是自然之声，却来历不明。

居住在孟加拉国南部巴里萨尔周围的人们声称，每当遇上暴风雨天气，一种莫明其妙的炮声一定会如期而至。这就是有名的"巴里萨尔的炮声"，它出现在孟加拉湾达数年之久，而且一直传到恒河三角洲内陆300千米处。这些声音往往发生在沉积岩深处。美国康奈尔大学的托马斯·戈尔德教授认为，这大概是由于沉积岩把人们听力范围内的震动声都吸引过来了，也很可能是上千次

神秘之声的破坏力巨大，可以拦腰折断林木。

有人认为，孟加拉湾神秘之声的出现与天气有关。

▲ 雾气腾腾的环境能制造出神秘的声效。

爱走弯路的声音

声音爱挑温度低、密度大的路径走，也就是说声音在温度低、密度大的物质中传播速度比较快。例如，士兵常把耳朵贴在地上判断敌军的远近，是因声音在泥土中传播较空气中快的缘故。

的小震正好发生在应力场内，这样人们就能听到，却感觉不到。另有地质学家认为，缅甸的一些泥火山爆发，很可能是这些神秘之声的源头。

在比利时沿海一带，往往在迷雾蒙蒙的时候，人们会听到从遥远的地方传来的声音。这种声音很怪，只能在100千米之外听见，而离这个声源很近的地方却存在着一个"哑区"。有人估计，气温逆转的雾天有利于声音在水面上传播，所以推测这一神秘之声很可能是人为噪声，而不是自然之声。

此外，发生在美国塞内卡福尔斯的"塞内卡之声"更是一个奇怪的谜。有种声音一连数年毫无规律地、有间隔地出现在这个城市的四周。人们在几百千米的范围内寻找声音的来源，却毫无结果。

在我国，怪声事件也时有发生。1994年11月30日凌晨3点左右，贵州都溪林场职工忽然听到火车行驶的轰鸣声，而实际上此地并没有铁路。天明后，工作人员惊异地发现，林场2000多公顷的树林齐刷刷地倒下一大片。奇怪的是，这片"伐区"上空的高压线竟安然无恙。

怪声的成因是什么？在什么地方更容易出现？现代科学至今还不能圆满地给出答案。

少年探索·发现系列

谁的杰作——麦田怪圈

麦田怪圈是一些人的恶作剧吗？
为什么麦田怪圈会频频出现？

据记载，麦田怪圈最早出现在英国，那是1647年，距今360多年。19世纪80年代初，英国人在汉普郡和威斯特一带屡次发现怪圈，而且大多是在麦田，所以正式将怪圈命名为"麦田圈"。几百年来，这一神秘现象不断亮相，在美国、澳大利亚以及欧洲、南美洲、亚洲等地都频频出现。从有关记载来看，麦田怪圈出现最多的季节是春天和夏天。麦田怪圈的图案也各不相同，由一个圈慢慢进化成多个相似的圆，到1994年以后，还出现了蝎子、蜜蜂、花等动植物图案。1997年初夏，美国俄勒冈州还出现了一个更为神秘的麦田怪圈，很多麦秆上出现了小洞。

关于麦田怪圈的成因，有人说是超自然力量造成的；有人认为是外星人在地球上留下的痕迹；也有相当一部分人认为是某些故弄玄虚的行为艺术家的手笔；而一些麦田怪圈调查者却称它是由地球磁场或龙卷风造成的，他们认为磁场中有一种神奇的移动力，可产生一股电流，使农作物"平躺"在地面上。至今，麦田怪圈依然疑云重重。

◁ 麦田怪圈

这些年来，麦田怪圈的图案变得越来越复杂了。

▷ 麦田怪圈又称"迪安圈"。

[第二章]

神秘莫测的水域悬疑

从太空中看，地球是个蓝色的星球，那是因为它有大约70%的表面积是海洋。然而相对于熟悉的陆地环境，广大的水世界可以说是人类陌生的地方。在那深不可测的水下世界，多少惊心动魄的秘密依然藏而不露；在那谈虎色变的魔幻水域，令人惊悚的失踪事件仍在上演；在那些古怪灵异的岛上，不可思议的事情频频发生；还有那些形形色色的河湖，续写着水世界的神异……水世界这些悬而未解的疑团，将大自然神秘未知的一面尽情展现。

少年探索·发现系列

海洋形成寻因

海洋是地壳自主凹陷形成的，还是被撞击出来的？海水是从哪里来的？

在地球这个蓝色星球上，构成其主体的海洋是如何诞生的呢？直到今天，科学界一直存在不同的看法。

有一种假说认为，地球是从炽热的太阳中分离出来的。地球刚形成的时候，还是一团熔融状的岩浆，但随着热量的逐渐散失，它冷却下来。由于表面冷却得快，首先形成一层硬壳，同时内部也逐渐冷却和收缩，结果在地壳下面出现空隙。在重力作用下，地壳便大规模下陷，相互挤压，形成许多裂缝。于是岩浆从裂缝中涌出，引发火山爆发和地震。涌出的熔岩填满裂缝，并冷却，地壳由此变厚。那些高耸的部分就成为陆地，那些低陷的部分就成为海洋。

还有一种假说认为，地球在形成过程中，将自己的一

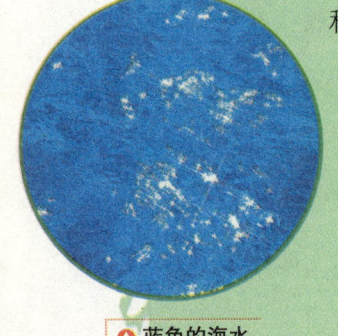
◎ 蓝色的海水

◎ 海边的人以海为生。

部分甩了出来，形成了月球，于是地壳上留下了一个大窟窿，这就是现在的太平洋。月球诞生时，地球所经历的震动极其强烈，使得尚未完全凝固的地壳其余部分张裂开来，出现巨大的裂隙，于是大西洋和印度洋也形成了。

另有一种学说认为，地球最初就是一团冷凝的固态物质。早期地球的引力会吸引周围的固态物质，使其以极高的速度与地球相撞，使得地球表面变得坑坑洼洼，因此出现了高山和海洋。

当然，上述三种观点所描述的海洋还只是一个干涸的海洋，里面并没有水。至于海水的来历，科学家们也见解不一，有的认为是来自地球内部矿物所蕴藏的"初生水"，也有人认为是外星体如彗星带来的。目前，"初生水"之说较为流行，其主要观点为：伴随着地壳运动，喷涌而出的熔岩带出了大量的水蒸气、二氧化碳，水蒸气形成云层，产生降雨。经过很长时间的降雨，在原始地壳的低洼处不断积水，便形成了最原始的海洋。

第四种观点则是1912年德国科学家魏格纳提出的"大陆漂移学说"，他认为今天的海洋是地球板块分离和最早的泛大洋分裂形成的。

看来，有关海洋形成之谜的问题，还需进一步探索。

> 地球是一个主要由水构成的蓝色星球。

彗星也是多水的吗

彗星的质量非常小，绝大部分集中在彗核上。彗核由凝结成冰的水、二氧化碳、氨和尘埃微粒组成，是个"脏雪球"。彗星富含水，因此被认为极可能是地球生命及海水的发源地。

少年探索·发现系列

海盐来自何方

海水中的盐是自海洋形成以来就有的吗？
海盐的来历与火山喷发有关联吗？

▲ 有观点认为，原始的酸热海洋就是咸的。

海盐的来历和海水起源的问题一样，始终是学术界的难题。直到今天，人们对这一问题的探讨也没有停止过。绝大多数科学家认为，海水中的盐主要有两个来源：一是盐为海洋中的原生物。在地球刚形成时，矿物随火山喷发喷出，再随雨水汇集到最初的海洋中。后来，由于可溶性盐类的不断溶解，海水逐渐变咸。二是河流把冲刷泥土和岩石所溶解的盐分带到大海之中。据估计，全世界每年从河流带入海洋的盐至少有30亿吨。

20世纪70年代后，人们从新发现的海底大断裂带上的热液反应中，似乎找到了新证据。断裂聚热使海水所溶解的盐量比经河川携带的盐量大数百倍。但是，这一发现并没有最终解开海盐来源之谜，仅说明这是海盐来源的一个途径。看来，海盐来源的问题还有待于继续探索。

▼ 人们正在利用海水提取食用盐。

最不可思议的**自然**未解之谜

为何难寻古海水

> 海洋形成的年代很久远,那么古老的海水在哪里呢?古老的海水难道都消失了吗?

现在,科学家们普遍认为,海洋是古老的,而洋壳是年轻的。那么随之而来的问题就是,海洋里应该有45亿年以前的海水才对。然而,这么古老的海水至今还没有找到。

迄今为止,确定海水年龄的最有效的方法是碳-14放射性元素衰变测定法。在世界海洋的许多区域,由于温度下降或含盐量增加,致使表面水的密度不断增加并向深处下沉。所以,一定的水体在海面上存留的时间应该反映海水的实际年龄。结果测得的各种水体年龄并没有人们想象中的那么古老。北大西洋中层水为600年,北大西洋底层水为900年,北大西洋深层水为700年,南太平洋深层水的年龄范围在650~900年。于是,一个疑问产生了:与地球年龄差不多古老的海水到哪里去了?

从理论上说,海水应该是古老的,起码要比洋壳老得多,然而测得的结果却令人迷惑不解。难道说古老的海水真的在海洋中消失了吗?

▲ 被陆地包围的内陆海也是寻找古海水的地方。

▼ 与陆地水体不同,古老的海水是有可能保存下来的。

少年探索·发现系列

海面会持续上升吗

海面上升是什么原因造成的？
为什么不能肯定海面会持续上升？

如果有人告诉你，地球上的海水正在增多，海面一直在上升，你相信吗？答案是肯定的，有许多沿海城市都面临着沉入海中的威胁。

关于海面上升，国际地理协会提供了一份很有说服力的材料。由120多位地貌、测量学者组成的专家组对澳大利亚东南岸的一大片沙滩进行了研究，他们发现，在1870年至1979年间，这里的海岸线后退了150米。

◭ 海平面上升使海岸线不断后退。

在气候变化的同时，海洋表面的升降是正常的，但上升如此之快比较反常。许多科学家认为，海平面的迅速上升与大气中的二氧化碳剧增导致"温室效应"加强有关。持续升温使南极的冰川融化，结果将使全世界的海平面上升，会淹没那些人口稠密、工业集中的沿海地区。然而，有些学者认为，"温室效应"并未改变气候的自然趋向，因此海面上升不一定会成为现实。也有学者指出，水温上升可促使一部分海水蒸发，这还可能导致海平面下降呢。专家众说纷纭，海面是否继续上升仍是一个谜。

◀ 海平面上升会淹没沿海地区。

◀ 如果海平面持续上升的话，很多岛屿将会消失。

最不可思议的自然未解之谜

海水会越来越咸吗

海水的盐度是在一点点增加吗?
海水如果不变咸,会不会越变越淡呢?

海水的含盐量很高,平均每1000克中含35克盐。有人估算,把海水中所有的盐分都提取出来铺在地上,可铺153米厚。

▲ 全球海洋盐度分布

那么,海水会不会随着时间的推移而变得越来越咸呢?有科学家认为,海洋形成后,由于雨水不断地冲刷岩石和土壤,并把岩石和土壤中的盐类物质带入江河,随水流进大海,使海洋中的盐分不断增加。与此同时,随着海洋水分的不断蒸发,盐分逐渐沉积,天长日久,盐会越积越多,于是海水就变得很咸了。按此学说推论,随着时间的推移,海水会越来越咸。

有科学家不同意上述看法,认为海水的盐度自形成以来就没有发生过很大变化,尽管海水中的盐类会越来越多,但随着可溶性盐类不断增加,有些盐会析出沉入海底,于是海水的盐度就能保持平衡了。

看来,海水是否会持续变咸,还有待于进一步的探索。

▼ 海水盐度变化需经历一个漫长的过程,短期内很难做出判断。

少年探索·发现系列

地球深处藏"海洋"

地球深处的"海洋"是指什么？
为什么地球深处会含有如此大量的水？

我们都知道，地球的大部分水体都在地壳之上，然而近日有专家称地球内部藏着"海洋"。这一观点让人震惊。

美国科学家迈克尔·维瑟逊和耶西·劳伦斯在对地球内部深处扫描时发现，在东亚下面存在着一个巨大的水库，其中的水量至少相当于一个北冰洋，也可能胜过北冰洋。这是人类首次在地球深部的地幔下面发现如此巨大的水体。这些水体均被禁闭于地表以下700～1400千米的岩石之中。

他们分析了60多万份地震波资料，这些资料是通过分布在世界各地的仪器收集起来的。他们注意到，在亚洲大陆下面的一个地区，其地震波表现出了减弱的现象，而且速度也略有减慢。他们解释说，水可以稍微减慢地震波的速度，地震波大量减弱和速度稍微减慢正好与预测那里存在着水非常匹配。

地球深处为何会含有如此大量的水呢？专家表示，探测到这个地下水体的区域其实并不是真正的大洋，而是含有

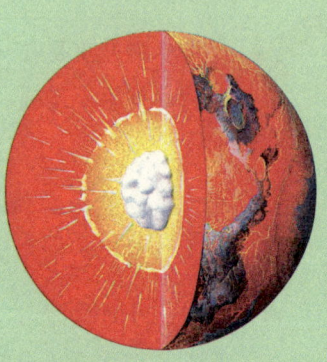

△ 有人说，地下"海洋"位于地幔层内。

◁ 陆地上的水体，除了冰川外，还有江河湖泊及地下水。

最不可思议的自然未解之谜

> 地下岩体中的水为结晶水，与地面上的游离态水不一样。

揭秘大自然 Nature

地球的内部构造

地球在构造上具有同心圆的结构，最外面一层是地壳，平均厚33千米；地壳下面是地幔，又称中间层，介于地壳和地核之间，厚2900千米左右；地幔以下是地核，半径约3500千米。

水分的岩石，岩石的可能含水量不到0.1%，但从这一区域的大小来判断，仅仅这0.1%的水量累计，也足够达到巨大的程度。

英国布利斯托尔大学的地质学家认为，该项发现有助于推进有关在地幔之中锁存有多少水的争论。但他又说直到现在，大部分人仍坚持认为在地幔中没有多少水，其依据是：当地壳的某个地方发生裂隙，地幔上部的物质就会喷出地表，形成火山。如果正如美国专家所推测的那样，在地幔层存在大量含有水分的岩石，那么在地下高温、高压的情况下，岩石中的水必然会蒸发出来形成气体，且"无孔不出"地在地面形成温泉、汽泉等自然现象。但是这一现象在东亚地区却很难看到。

的确，地震波的衰减与很多因素有关，不仅仅是地下水，还有不同性质的岩石、过渡层等，因此东亚地区的地下是否真正含有美国专家所推测的含水岩石区还需要进一步研究。

> 地幔对流令地下水体移动。

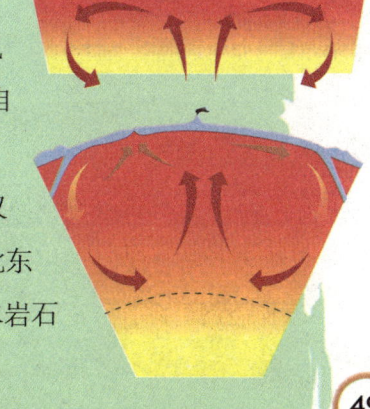

少年探索·发现系列

海平面是平的吗

海平面为什么不是平的？
是什么在影响海平面的高低？

海水是液体，在重力的作用下，由高处向低处流，构成一个大洋的平面，称为海平面。按理说，风平浪静，海水应在一个水平面上。但实际上，各大洋的水面是高低不一的，如在印度洋斯里兰卡旁边的洋面比起其他大洋的洋面高100米，冰岛附近的洋面比其他大洋的洋面低65米。

为什么海平面不平呢？研究者分析后认为，致使海平面不平的因素很多。例如，涨潮、落潮、风暴和气压高低等因素，使海平面始终不能归于平静；海底地形的不同，也决定了海平面的不平。一般来说，海底是山脉的地区，其海平面就比其他海域高一些；海底是盆地的地区，其海平面就比其他海域要低一些。有时海平面的高低还与海岸附近的巨大山脉或山脉构成物质的积聚有关。物质积聚可使海平面产生引力弯曲，从而使水从一个地区流向另一个地区。

事实上，海洋水体的运动非常复杂，像海流、地球自转、海陆分布等因素是否也影响海平面，还有待科学家们进一步探知。

◀ 远远望去，海平面似乎是平的。

◀ 海底复杂多样的地形会影响海平面的高低。

最不可思议的自然未解之谜

大洋中真的有陆桥吗

"陆桥说"是一个猜测的理论吗？
有证据能证明陆桥存在吗？

在很早以前，人们就注意到，远隔重洋的两个大陆有着非常相似甚至完全相同的动物或植物。这些既不会飞又不会游的同源生物是如何远渡重洋来到大洋彼岸的呢？于是有人提出了"陆桥说"，认为大洋中曾存在过一些狭窄的、好像桥一般的陆地，称为陆桥，只是后来地壳变动，陆桥被海水淹没了。

图片中大陆与大陆接近的浅色区很可能就是人们所说的陆桥。

现在，我们可以根据一些分散的小岛和水下高桥找到陆桥的踪迹。诸如，亚洲与北美洲之间的白令海峡，最深处只有52.1米。澳大利亚与新西兰之间的托雷斯海峡，最浅处仅5米。

人们早就推测，在第四纪冰期最盛期，由于大量的水结为冰，海平面很可能比现在低100米。因此不难设想，那时的各大洲均可通过陆桥连成一片，相互沟通。当然，事实是否真的如此，目前还无法证实。

靠着海岸的浅海区在远古时期会不会就是陆桥呢？

少年探索·发现系列

红海会是未来的大洋吗

红海在不断扩张吗?
人们关于红海会成为大洋的推想能成立吗?

红海是地球上最年幼的海,位于非洲大陆与阿拉伯半岛之间。它犹如一个"婴儿",有着许多新生的特征。科学家们通过对海底调查发现,红海的洋壳非常薄,一条海槽纵贯中轴,上面遍布活动的新火山。

根据板块理论,在2000万年前,非洲大陆与阿拉伯半岛是连在一起的,红海是这两个板块漂移和彼此分离的结果。红海首先形成了北部。在距今300万~400万年前,红海中轴地壳发生张裂,海水入侵,出现亚喀巴湾及其南部海区。其后,海底继续扩张,裂谷不断拓宽,中轴处新生的洋壳不断将古老的岩层向两侧推移。目前,红海仍在分离,扩张速率为每年1~1.5厘米。照此发展下去,那么2500万年后波斯湾就会消失,而沙特阿拉伯将与伊朗碰撞在一起,红海将成为世界第五大洋。这会成为现实吗?许多人持怀疑态度。因为红海海底扩张只能证实洋壳板块构造运动存在,而这只是研究海洋扩张的一种依据,还不能武断地说红海会变成大洋。

△ 从卫星上拍摄的红海

▷ 红海中的珊瑚

最不可思议的自然未解之谜

罗布泊是怎样消失的

罗布泊曾经是一个湖泊吗?
罗布泊的消失与湖泊迁移有关吗?

根据史书记载,很久以前,罗布泊曾经有汪洋一般的湖水。历史上,罗布泊面积最大时为5350平方千米,然而后来它却在慢慢变小,到1931年时仅为1900平方千米,至1972年完全干涸,成为一片戈壁。

为揭开罗布泊消失之谜,长期以来,无数中外探险家深入罗布泊考察。有人认为,是罗布泊人砍伐树木造成的环境恶化,使湖泊趋于消失;也有人认为,罗布泊是个会迁移的湖,当它移动到沙漠地带时,湖水便被沙漠吸收了。近年来,我国科学家对罗布泊进行了深入的考察,对罗布泊迁移的说法提出了质疑。他们认为,罗布泊干涸的原因很复杂,不仅受全球气候干旱的影响,而且与地域特点有关,除此之外也不排除人为因素。专家们关于其消失成因的模糊说法,使人们对罗布泊这个幽灵般的湖泊感到更加迷惑了。罗布泊,何时才能揭开你神秘的面纱?

▲ 在罗布泊发现的太阳墓

▼ 罗布泊现已成为一片荒漠。

少年探索·发现系列

危害重重的"红色潮水"

> 赤潮的发生机理是什么？
> 人们为什么还不能防治赤潮？

澄澈碧蓝的大海有时会突然变得面目全非，那蔚蓝色的海面上泛起片片红潮，好似铺上了一层红毡子。这是由于水域中一些浮游生物暴发性繁殖而导致了水色异常，主要发生在近海海域，称为赤潮。

有专家认为，赤潮产生的主要原因是海洋受到有机物的污染。此外，由于城市排放的大量污水和来自农田含有化肥的废水最终都汇集到大海，给海洋带来大量营养物质，主要包括生物可利用的氮、磷、碳等。由于海水中营养物质过剩，一些浮游生物，如夜光藻、腰鞭毛虫等急剧繁殖，从而引发赤潮。浮游生物从急剧繁殖至死亡，整个过程要大量消耗海水中的氧，由此导致海水缺氧，大量鱼类因窒息而死亡。

赤潮对海洋生物构成了极大的威胁，然而目前人们却无法有效地对其进行防治。这是因为赤潮的成因相当复杂，需要对赤潮生物繁殖的生理特性及海洋环境等做深入研究。我们相信，在不久的将来，人类定能找到防治赤潮的方法。

▲ 赤潮暴发使海水变成红色。

◀ 除红色外，有的赤潮是绿色的，也有黄色的和棕色的，这与水体所含的赤潮生物不同有关。

生死未卜的死海

死海的湖面在不断下降吗?
死海最终会不会消失呢?

死海位于西亚南端,湖面海拔为－392米,是世界上陆地的最低点,有"地球肚脐"之称。它是一个典型的盐湖,湖水的盐度比一般海水要高8.9倍。在这样高盐度的湖水中,不仅鱼虾活不了,甚至连植物也无法生长。

▲ 死海风光

由于死海海水的蒸发量远大于注入量,再加上这个地区常年干旱少雨,所以湖面的高度正以每年0.5米的速度下降。为此,人们很关注死海的前途和命运。有人认为,死海不断地蒸发浓缩,湖水会越来越少,在不久的将来肯定会干涸,它是"死"定了。也有人认为,死海并非是没有前途的死水,相反前途无量,是未来的世界大洋。持这种观点的人是从地质构造的角度考虑的。他们认为,死海位于著名的叙利亚—东非大断裂带的最低处,而这个大断裂带正处于幼年时期,还会不断扩张,这样终有一天死海会变成海洋。从人们的争论来看,死海的生死存亡仍然是一个难解之谜。

▽ 死海岸边析出的盐

少年探索·发现系列

听声降雨的迷人湖

在听命湖，人们真的能"呼风唤雨"吗？
声波为什么能够引发降雨？

在我国云南的高黎贡山上，有一处神奇而秀丽的湖泊，叫听命湖，又名迷人湖。它东西略长，南北略宽，面积约0.13平方千米，平均水深约7米，湖水是由雨水和融雪汇集而成的。

人们到了听命湖畔只能轻声细语地说话，如果大声叫喊，本来晴朗明丽的湖面上空顷刻间便会乌云密布，甚至立即下起雨来。讲话声音越高，雨就下得越大；讲话时间越长，下雨的时间也就越长。过去，凡是遇到大旱之年，山下的百姓就备好祭祀品和雨具，到听命湖畔祈求天神降雨。人们摆好祭品，搭好雨棚，然后载歌载舞，不一会儿听命湖上空便乌云翻腾，风雨随之来到，真的实现了"呼风唤雨"，蔚为神奇。

为什么会出现这种现象呢？有人认为，这与当地的地势、气候、水源有密切的关系。听命湖四周森林密布，湖区上空弥漫着富含水分的浓雾，当遇到声波震动，雾中的水珠就凝聚成雨降下来。当然，这一解释还有待深入的研究和进一步论证。

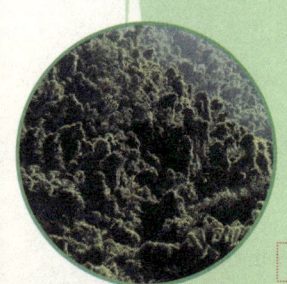

◀ 云南高黎贡山的原始森林

▼ 迷人湖

最不可思议的**自然**未解之谜

上冷下热的 南极怪湖

> 南极怪湖的水温具有什么样的特点？
> 是什么原因导致湖水上冷下热？

在南极罗斯海附近，有一个长3千米、宽2千米的咸水湖，叫班达湖，湖面上结着三四米厚的冰层。可是令科学家们奇怪的是，在冬季-45℃的情况下，湖面下几十米深处的水温却达25℃，完全违背了湖水水温的分布规律。

▲ 南极埃里伯斯火山下的冰海

这是什么原因造成的呢？地质学家开始认为地下有热源，但经过考察之后，他们发现班达湖附近没有任何地热活动。于是，又有科学家提出"太阳辐射说"：南极夏季拥有很长时间的日照，湖面水温因太阳辐射增高；冬季湖面结冰使湖水盐度增高、密度增大，于是夏季增温的水会因密度大而下沉，就形成了底层水温比湖面水温高的现象。支持这一学说的人补充说，热辐射能穿透冰层到水底，这样冰层以下湖水的水温逐年增高，而底层湖水密度大不会升到表层，因而保持了较热的水温。事实上，冰层对热辐射还有反射作用，因此这一解释难以让人信服。如今这个谜团仍困扰着人们。

▼ 南极班达湖

少年探索·发现系列

贝加尔湖生生不息之谜

> 贝加尔湖内为何拥有众多特有生物？
> 海洋生物为什么会生活在贝加尔湖中？

贝加尔湖位于俄罗斯中西伯利亚高原的南部，是亚欧大陆上最大的淡水湖，也是世界上最深和蓄水量最大的湖，长约640千米，平均宽约48千米，平均深度约730米，最深处达1620米。

贝加尔湖有许多待解之谜，主要有：为何拥有丰富的动植物资源及众多特有物种？湖水不与海洋相通，却为何有海豹、鲨鱼、海螺、龙虾和海绵等地地道道的海洋生物？

贝加尔湖在蒙古语中意为"富饶的湖泊"，湖里生活着1200多种动物，生长着600多种植物，其中藓虫类、水螅、长臂虾等700多种动物为特有物种，因此堪称是世界上拥有濒危特有物种最多的湖。

贝加尔湖地处严寒地带，环境恶劣，为什么还能拥有如此众多的生命形态？生物学家认为，贝加尔湖的古老历史是一个极其重要的因素。2500万年前，由于欧亚大陆板块的中央部分向北漂移，与南部地块逐渐

◢ 贝加尔湖远景

◢ 春天，贝加尔湖上的冰层开始断裂、消融。

▲ 湖面的浮冰上随处可见海豹的身影。

分离，形成了贝加尔湖。如今，贝加尔湖湖床还以每年约20厘米的速度下陷，湖底沉积物也以接近的速度沉积，这使得贝加尔湖一直处于十分稳定和孤立的状态中。水是生命繁衍最好的温床，因此在漫长的进化旅程中，生命在这里顽强地繁衍，并极大地丰富着自己的形式。另一方面，贝加尔湖湖底具有不断下陷所形成的裂谷，由此构成丰富多样的湖床地貌，它对于新物种的形成有很大的促进作用。在贝加尔湖湖底，新物种的出现几乎完全是一种生态同域性的进化现象，而不是那种由于地理位置隔绝而导致新物种形成的过程。

▼ 贝加尔湖海豹

关于拥有海洋生物的问题，目前还存在较多争论。有学者认为，地质史上贝加尔湖和大海相连，海洋生物是从古代的海洋进入贝加尔湖的，后来由于地壳变动，外海退却，海洋生物被遗留下来。然而最新的地质发现否定了这个地区曾经是海洋的结论。又有学者推测，海洋动物是溯河而上进入贝加尔湖的。可这又解释不了海绵等动物的来历。真相不明，还有待更深入的探索。

虽然贝加尔湖生生不息的谜团尚未完全解开，但它对于进化生物学具有极其独特的研究价值，因此意义重大。

揭秘大自然 Nature

贝加尔湖的变迁

贝加尔湖是构造湖，形成于2500万年前，由欧亚板块碰撞形成，是世界最古老的湖泊之一。至今，湖底裂谷带仍在扩张，湖的深度仍在加深。

少年探索·发现系列

"海底浊流"之谜

海底也会发生与陆地上类似的泥石流吗?
"海底浊流"发生时会出现哪些现象?

发生在1929年12月的偶然事件,揭示了海底并不寂静。当时,横跨大西洋连接欧美大陆的数条海底电缆被依次切断,人们这才意识到洋底也存在"泥石流",割断电缆的"元凶"是海底浊流。后来人们发现,海底浊流其实是海洋中一种比较普遍的现象,流速可达40~55千米/小时,最远可流动上千米。

最初,人们以为海底浊流只局限在有明显坡度的大陆架边缘海区,海底沉积物在地震、暴风浪等的诱发下产生了这种"海下泥石流"。而随后的研究发现,在没有明显坡度的深海海底居然也有浊流,流速可达5厘米/秒。通过海底照相技术,人们在5000米深的海底看到了它所产生的波痕。这种"海底浊流"可以使海底淤泥泛起,"浊流"所经过之处,无论是动物、植物,还是礁石和海底通讯电缆,都会被掩埋在沉积层之下,能量之大实属罕见。

倘若"海底浊流"真如前面所说,是堆积物因某些诱因引发的"泥石流",那发生于深海海底的并不具备"泥石流"发生条件却突然产生的"海底浊流"该作何解释,又为何如此激烈呢?这一切都令科学家感到迷惑不解。

看似平静的海底随时都可能暴发"海底浊流"。

最不可思议的**自然**未解之谜

"亚热带逆流"成因之谜

> 什么是"岛影"？
> 夏威夷群岛是怎样影响"亚热带逆流"的？

20世纪60年代，日本科学家宇多道隆和莲沼启一发现，在中国台湾以东、日本列岛以南的海域有一股由西向东的"亚热带逆流"（位于北半球的亚热带洋流随着东北信风自东向西流动，此地的洋流流向却完全相反，因此被命名为"亚热带逆流"），但他们无法解释这股海流的形成机制。2001年，由中、日、美三国科学家组成的联合研究小组发现，在夏威夷群岛以西存在着一个长达3000千米的巨大"岛影"，并证实这就是形成该海域"亚热带逆流"的原因。

三国联合研究小组在分析由日、美两国发射的"热带降雨观测卫星"所获得的观测数据时发现"岛影"，即太平洋风吹过夏威夷群岛时被高达四五千米的山脉遮挡后形成的云层和弱风带。科学家说，在"岛影"的影响下，由亚洲至夏威夷群岛的一股长8000千米的海流出现。同时"岛影"也能解释"亚热带逆流"的形成。

"岛影"能解释许多海流的流向问题，但美中不足的是，这一理论的研究目前才刚刚开始。

◎ "亚热带逆流"带来的潮水引来了众多的鱼儿。

海底"绿洲"

海底"绿洲"很常见吗?
是什么创造了海底"绿洲"?

有人把深海区比作"沙漠",因为那里被认为是生物的禁区。然而,这一传统观念却因一次发现受到了挑战。1977年,法国科学家乘坐"阿尔文"号深潜器在太平洋上的加拉帕戈斯群岛水下裂谷附近考察时发现,深海底部竟聚集着一个由大量巨贝、蠕虫、蟹和其他生物组成的群落。

> 浅海海底与深海海底有很大的差异。

1979年后,科学家们邀请海洋生物学家再次光顾这一区域,不仅在深海底部找到了两年前发现的生物群落,还新发现了几个由生物群落组成的"绿洲"。

这一个个深海"绿洲"是怎样形成的呢?海洋生物学家提出这样一个假说:海底裂谷喷涌的热泉造就了这一奇迹。热泉使周围海水的温度从0℃升到12~17℃。在温热和高压的条件下,喷泉喷涌出的硫酸盐变成了硫化氢,这种物质成为某些细菌新陈代谢的能源,于是细菌在喷泉口附近迅速繁殖,而这又成为较大型生物维持生命的营养物,如此造就了海底"绿洲"。然而不足的是,这种解释只是假说,要完全揭开谜底还有待进一步的探索。

> 大洋中脊处喷出的热泉遇冷后会析出大量矿物质。

最不可思议的自然未解之谜

巨浪会杀人吗

杀人浪有传言中那么可怕吗？
制造杀人浪的能量来自何方？

大海深处隐藏着太多的秘密，杀人浪的传言就是其中之一。现有气象理论认为，即使在最恶劣的暴风雨中，海浪也不会高过10米。然而有数据表明，海上平均每周有两艘大型船只在风浪中突然沉没。

▲ 海水遇到礁石后激起高大的浪花。

为了验证"巨浪杀人"的传言，欧洲宇航局2000年启动了"大海浪计划"，用两颗地球扫描卫星ERS-1和ERS-2对海洋进行扫描测量。数据显示，3周中，在世界不同海域发现了10个超过25米的巨浪，其中一些巨浪高度竟接近30米。这说明可以摧毁一切船只的杀人浪确实存在。

频频制造海难的元凶——杀人浪，到底是怎样形成的呢？这个问题让科学家感到困惑。有理论称，波浪及风向都朝向强大的洋流时，会抬高水面；另有观点称，在某种特定条件下，波浪会变得极不稳定，并能从附近的波浪中捕捉能量，迅速组成一个巨大的杀人浪。争论还不能揭示真相，不过杀人浪肯定会激发人们研究海洋科学的兴趣。

▷ 巨大的浪花可摧毁一切。

少年探索·发现系列

死亡海——百慕大三角

> 百慕大三角海域为什么是事故多发区？
> 关于事故频发的成因最终有定论吗？

提起大西洋上的百慕大三角海域，或许没有几个人不知道吧？它是以美国的佛罗里达半岛南端为一点，与加勒比海的波多黎各和百慕大两点连成的一个想象中的三角区域。据说，在这里航行的舰船和飞过的飞机经常会莫名其妙地失踪，事后也无法查到失踪的原因。据统计，已有数以百计的船只和飞机在这个地区失事，数以千计的人丧生，事故发生率比在世界上其他任何一个地方都多。所以，那些专门从事海洋和航空事业的人，一提起百慕大就恐惧极了，称它为"魔鬼三角区"。

百慕大三角是一个难解的谜。然而正因为它的神奇，才会有这么多人去探索它的奥秘。最初，人们认为船舶之所以会出事是由于触礁。但根据探测，百慕大海区的海底山脉并不高，所以触礁的可能性基本上不存在。

◁ 百慕大群岛上的居民热衷于航海，并不惧怕那些传言。

◁ 百慕大三角海域神秘莫测，据说那里常出现怪事。

最不可思议的自然未解之谜

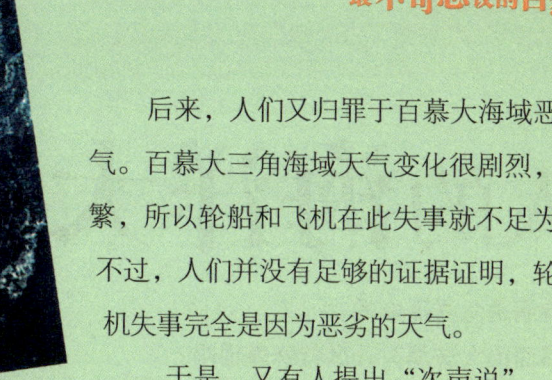

后来，人们又归罪于百慕大海域恶劣的天气。百慕大三角海域天气变化很剧烈，飓风频繁，所以轮船和飞机在此失事就不足为怪了。不过，人们并没有足够的证据证明，轮船和飞机失事完全是因为恶劣的天气。

于是，又有人提出"次声说"。次声是频率低于20赫兹/秒的声波，人耳根本听不到，但它却有极大的破坏力，足以使船身破碎、飞机解体、人员死亡。强烈的爆炸、火山爆发、强烈地震、风暴、雷电等现象都可以产生次声。百慕大三角海域复杂的地形及特殊的自然环境，更是滋生次声的温床，所以这种说法也并非没有道理。

▶ 海洋下沉涡流能把船吸入海底。

还有人认为，百慕大三角海域存在一种反旋风和下沉涡流，是它们将船舶、飞机卷入或吸入海底的。

众说纷纭的观点远不止于此，甚至还有人提出相反的看法，他们认为这些奇特的失踪现象彼此间并无联系，因而否定百慕大三角的存在。

看来，百慕大三角的谜还有待后人继续努力去求解。

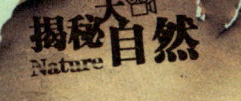

可怕的次声

次声是一种低频率的声音，人耳听不到。其穿透力极强，在空气中能以1200多千米的时速传播，可使人烦躁不安，精神沮丧，甚至癫狂。低于7赫兹的高强度次声对人有致命的危害。

▶ 像这样的海底沉船，在百慕大三角海域还有很多。

少年探索·发现系列

惊人的海洋大漩涡

海面漩涡是怎样形成的？
悉尼海面的大漩涡有什么特殊表现吗？

通常，海洋漩涡是不同来源的水流交汇引发的，这些水流有各自不同的温度和流速，当它们相互撞击在一起时，便产生了壮观的漩涡。

2007年3月14日，澳大利亚海洋学家宣布他们发现了一个巨大的冷水漩涡，这个漩涡位于距悉尼96千米处，直径长达200千米，深1千米。漩涡的边缘为一个巨大的发出微光的飞沫带，中间是一个呈漏斗状的黑玉色水墙，水墙飞速旋转，并不停地摇摆，同时发出令人惊骇的声响。它所产生的巨大能量将这个地区的海平面几乎削低了1米，而且改变了这个地区主要的洋流结构。它所携带的水量超过了250条亚马孙河的水量！

然而令人困惑的是，当你从一个视角观察它时，它似乎很平静，但当从另一个角度观察时，它又显得非常狂暴。如果巨轮在它上面航行，尽管水面看起来似乎很平静，但巨轮却在晃动。

对于这个巨大的漩涡是如何形成的，目前科学家还无法解释。但由于它的存在会影响航海，因此人们可以通过卫星对它进行监控。

▲ 海洋漩涡

◀ 漩涡开始在海面上形成。

最不可思议的**自然**未解之谜

奥克兰岛的神秘海洞

"格兰特将军"号是怎样发生船难的?
神秘海洞真的存在吗?

1886年5月4日,"格兰特将军"号载着旅客和黄金、皮革、羊毛等货物,从澳大利亚的麦尔邦港扬帆起航,准备驶往英国伦敦。

开始,"格兰特将军"号稳稳地行驶着,然而在到达新西兰南部的奥克兰岛附近时,一场可怕的灾难发生了。在风平浪静的天气里,海岛近岸的大海好像突然张开了大嘴似的,露出一个大海洞,顿时把"格兰特将军"号卷入一股强海流中。在海流的推动下,"格兰特将军"号撞岸了,在海洞口慢慢下沉。船上的人见状,吓得纷纷跳海逃生。可是,那个大海洞好像有一股巨大的吸引力,一下就把跳到海里的人吸了进去,只有4个人侥幸逃脱。

▲ 海洞引起的翻涌潮水引来鱼群。

"格兰特将军"号沉船的消息传开后,一批批好冒险的人组成探险队,到奥克兰群岛寻找海洞和沉船上的财宝。不过他们从此也一去不返。这又是怎么回事呢?难道说,大海为保住自己的秘密,把那个大海洞藏起来了吗?这又是一个难以解开的谜。

▶ 海洞会不会是海底的特殊地形造成的?

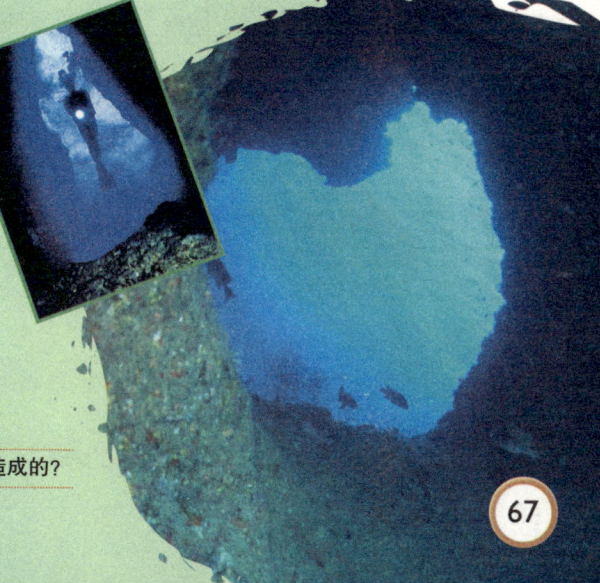

少年探索·发现系列

珊瑚岛是怎样形成的

珊瑚岛全部是由珊瑚虫造出来的吗?
为什么太平洋中的很多环礁呈线状排列?

⬆ 珊瑚岛

在碧波万顷的大海中,有一些五色缤纷、绚烂多彩的岛屿,它们就是珊瑚岛。珊瑚岛形态多样,有岸礁、堡礁、环礁之分。

关于珊瑚岛的形成、来历众说纷纭。通常,人们认为珊瑚岛是由珊瑚虫的骨骼堆积成的。在热带、亚热带浅海区,生活着很多小型腔肠动物——珊瑚虫,它们能分泌出石灰质的外骨骼,以保护自己柔弱的身体。珊瑚虫死后,它们的后代在这些遗骨上继续繁衍,天长日久,日积月累,就形成了各种各样的石灰质珊瑚丛,珊瑚丛再发展壮大,便形成了珊瑚岛。然而其中的疑点是,珊瑚虫只能生活在深度60米以内的热带浅海,而海洋的深度却有几百米甚至几千米,珊瑚虫不可能直接在那么深的海底生活造礁。这又如何解释呢?

1836年,英国博物学家达尔文在东印度洋

⬆ 环礁

⬆ 岸礁

⬆ 堡礁

上的可可岛（环礁）考察时，提出了关于火山岛下沉造成环礁的假说。1952年，美国在埃尼威托克环礁试爆氢弹后钻孔达1287米深时，发现了火山岩基底，使达尔文的假说得到了初步的证实。但是，这一假说无法在所有的环礁上得到证实，特别是火山的沉降无法说明大多数环礁中的湖一般水深不超过100米的原因。

环礁的形成

后来，加拿大裔美籍科学家戴利提出了"冰川控制论"。他认为，第四纪的数百万年中发生过多次冰期，冰期终止后，海水温度回升，海洋环境适宜珊瑚虫的大量繁殖，珊瑚虫便在一些岛屿和大陆边缘的台地上迅速生长起来。随着海平面逐渐上升，珊瑚礁也不断地向上发展，于是环礁和堡礁从台地边缘增长起来。

然而，科学家们很快发现，太平洋中的很多环礁是呈线状排列的。例如，夏威夷群岛中的库尔岛、中途岛等珊瑚礁呈西北—东南排列。这又是怎么回事呢？"板块学说"的解释是：在板块与板块之间的活动地带存在着一些"热点"，它是火山活动的中心，从中涌出的岩浆形成火山岛。火山岛形成后，随板块一起移动并逐渐向下俯冲，引起火山岛的沉降，在沉降中环礁逐渐形成。可是板块为什么会"动"呢？这一解释也不能令众学者满意。看来，要解开珊瑚岛的成因之谜，还有待进一步研究。

珊瑚岛的特点及分布

岸礁呈长条状，主要分布在巴西海岸及西印度群岛；堡礁距岸较远，呈堤坝状，最有名的是澳大利亚东海岸外的大堡礁；环礁多呈环状，主要分布在太平洋的中部和南部，且呈群岛状分布。

会移动的岛屿

为什么大多数岛屿不能够移动？
布比岛是如何移动的？

岛屿本是高出海面的海底山峰的一部分，因此应该和山峰一样，屹立在那里岿然不动。可是，有人在南极附近的大西洋沿岸发现了一个会移动的海岛，它就是布比岛。

▲ 会悄然移动的布比岛

1739年，法国旅行家让·巴基斯特·布比乘船航行在大西洋沿岸时发现了布比岛，并将它的方位准确地标注在海图上。后来，人们曾经好几次登上布比岛，还在岛上建了一个气象站。近年来，有几个挪威科学工作者登上了布比岛，把气象站维修一番。随后，他们拿出测量仪器，再次测量了一下该岛的位置。谁知测量结果却出乎意料：岛目前的位置跟海图上标明的位置完全不一样，它向西移动了大约2千米。难道是海图上标错了位置？这不太可能，海图应该是正确的，因为这么多年来人们一直使用它，凭它登陆布比岛。那么，是布比岛自己移动了位置吗？科学家们对布比岛进行了一次又一次的分析、调查，但始终也没有弄清楚布比岛为什么会移动。

◀ 大多数岛屿是不会动的。

令人惊悚的"吃船岛"

> "吃船岛"是怎样"吃"船的?
> 是什么原因导致塞布尔岛附近海域沉船事件频发?

在加拿大东海岸北大西洋中有许多岛屿,其中有座塞布尔岛,能吸引来往的轮船。据当地人说,在过去的几百年中,这儿一共沉没了几百艘轮船。然而奇怪的是,这里沉船多并不是因为这儿是险滩,也不是因为这儿经常发生台风、暴雨等恶劣天气,更不是因为有冰山等。那么,到底是什么原因呢?

1967年,从法国开往加拿大的轮船在塞布尔触岛沉没,只有一位海员获救。据他称,船快到达加拿大时,突然所有仪器都失灵了。水手们开足了马力,可船却一动不动。接着,船向小岛滑去,并慢慢下沉,最后完全沉没。他当时抱住了一块木头,拼命往岸边游,但总觉得背后有一股巨大的力量死死地扯住他。幸运的是,他终于爬上了海岸,被救援直升机救走。

从海员的讲述中,我们或许可以发现些什么。难道说岛有非常强大的磁力?但为什么对直升机不构成威胁呢?海岛为什么唯独"吃船"?这至今仍是个谜。

▶ "吃船岛"晚景

▶ "吃船岛"岸滩上也许布满了这样的尸骨。

少年探索·发现系列

谁在操纵"旋转岛"

"旋转岛"具有什么样的特征？
"旋转岛"的自转周期与地球的自转周期有什么联系？

1964年，从西印度群岛传来了一件令人吃惊的奇闻：一艘海轮上的船员，发现这个群岛中的一个无人小岛，竟然会像地球自转那样，每24小时旋转一周，并且每天都在按同一方向做有规律的自转，从来不会出现任何反转的现象。这可真是一件闻所未闻的怪事！当时，这座岛被茂密的植物所覆盖，处处是沼泽泥潭。岛很小，船长命令舵手驾船绕岛航行一周，只用了半个小时。

◤ 神秘小岛

这件奇闻使人们兴趣大增，有些人听说后还纷纷到岛上察看。他们一致认为是小岛本身在旋转，至于旋转原因，谁也说不清楚。有人推测，这个岛是一座冰山，浮在海上，随着海潮的起落而旋转。但是这种推测不能很好地解释成因，因为别的冰山小岛也都"浮"在海上，为什么就不能自行旋转？那么到底是什么原因使小岛能够自行旋转呢？看来，这些问题只能留待科学家们去深入研究了。

◥ 海上的神秘小岛很多，至于是否旋转，还需要细致观察。

[第三章]

虚虚实实的迷幻气象

气象就是下雨、出太阳、刮风、降雪等天气变化,它时刻左右着我们的生活。在古人看来,这些平平常常的天气现象是鬼神在作怪。而今天,我们不仅了解了某些现象的本质,还能通过天气预报,安排好应对天气变化的措施。当然,自然界的气象内容太丰富了,真真假假,虚虚实实,远比我们所了解的要复杂。像厄尔尼诺、拉尼娜、晴天降雨、绿色阳光等,都还是一个个未解之谜,正等待着人们去——破解呢!

空气来源之谜

空气是宇宙气体的聚积吗？
大气与生命形成有关系吗？

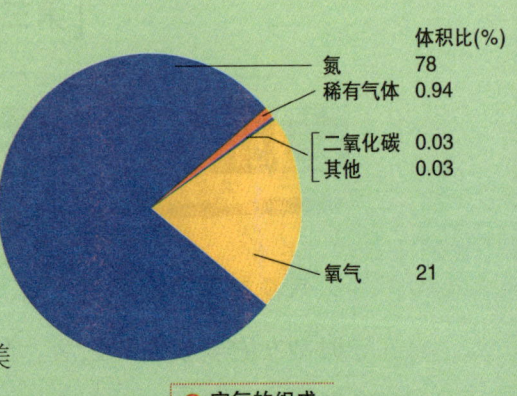

空气的组成

	体积比(%)
氮	78
稀有气体	0.94
二氧化碳	0.03
其他	0.03
氧气	21

我们每天生活在空气里，呼吸空气。空气来自哪里？是怎样形成的？到目前为止，这些问题还没有得到完美的解释，所有结论均来自人们的推测。

据专家们推测，行星是由一大团气体和尘埃旋转形成的。地球在形成之前与其他行星一样，主要由90%氢、9%氦组成，其余为少量的氖、氧等。大量气体物质在地球收缩凝聚过程中被裹入内部，后来由于火山爆发又被释放出来，其中的氢不是燃烧了，就是由于密度太小而逃逸，氦、氖也一样消失了。剩下来的气体由于密度较大，再加上受水蒸气凝结的影响来不及逃逸，形成了大气，包裹在地球表面。这些剩余的气体为水蒸气、氨、甲烷和少量的氩。

由于受太阳射线的辐射，大气中的水蒸气又分解成氧和氢，氢又逃逸了，仅剩下氧。氧与氨化合生成氮和水，与甲烷化合生成二氧化碳和水。氮和氧的出现，为生命的诞生和孕育发展作出重要的贡献。

广阔的天空为大气所覆盖。

气候会一直变暖吗

> 气候变暖是由温室效应增强引起的吗？
> 未来的气候会不会由暖变冷呢？

近几十年来，全球气候和环境发生着急剧变化。统计数据表明：自1860年有气象仪器观测记录以来，全球年平均温度升高了0.6℃。由此可见，全球气候的确在变暖。

大多数学者把气候变暖的原因归结为人类活动，即人类向大气中排入大量二氧化碳、甲烷等温室气体，致使温室效应增强。

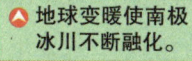

地球变暖使南极冰川不断融化。

烟囱排放出来的气体加强了温室效应。

由此，大多数人都认为，温室效应会越来越明显，地球会越来越热。他们估计，在21世纪结束前，地球的平均气温还要上升5.8℃。

另有一些学者持反对意见，认为未来气候会变冷，这与冰期到来有关。他们指出，"温室效应说"并没有解释历史上温室气体减少和气候由间冰期转为冰期的原因，并没有给出全球变暖到何时为止的大致时间，这与地球气候历史不相符合，因此不能以此预测未来的气候变化。

由此看来，气候是否会一直变暖，在目前还不能下定论。

由于温室效应的存在，地球就好像被罩起来一样。

冰期是怎样形成的

地质史上共发生过多少次大冰期？
目前有关冰期成因的解释有哪些？

冰期是指地球历史上大规模寒冷的时期，在这个时期内，不仅地球两极和高山顶上有冰川分布，就是一些纬度较低的温带地区和低矮山岭上也分布着许多冰川。全球各地的历史上曾发生过三次大冰期，即震旦纪冰期、石炭纪－二叠纪冰期和第四纪冰期，而每次大冰期又是由许多小冰期组成的。

古今冰川分布比较

地球上为什么会出现寒冷的冰期呢？最初有学者称，造山运动引起海陆分布变化，山体升高导致全球气候变冷。但人们很快发现，造山运动剧烈的时期与冰期并不完全吻合。于是又有人提出，植物的大量繁殖使二氧化碳被大量消耗掉，致使气温下降出现冰期。然而历史上植物繁盛时期之后并没有出现冰期。后来有人提出，地球冰期的发生与太阳率领其家族成员通过银河旋臂的时间有关，大量的星际尘埃削弱了到达地球的太阳辐射。但是银河旋臂附近的空间真有那么多星际尘埃吗？这令人怀疑。因此，冰期的成因在目前仍是一个悬而未解的谜。

冰川塑造出复杂多样的地貌。

冰期为什么会循环

冰期是如何循环的？
什么因素引发了冰期循环？

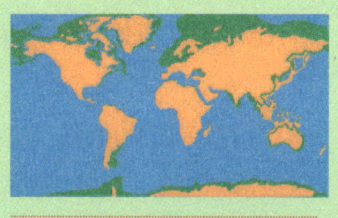
◎ 间冰期与冰期时的陆地变化

地球在长时期的历史演变中存在着冷暖变化，从冰期、间冰期又回到冰期、间冰期，这样的循环称为冰期旋回。最近的一次大冰期是从70万年前开始的，而构成此次大冰期的小冰期至今已发生过7次，每次持续时间达9万年之久，两次冰期之间总是伴随着大约1万年的温暖的间冰期。目前，我们正生活在第7次温暖的间冰期末尾。再过5000年，地球又将进入一次小冰期。

究竟是什么原因触发了这种冷暖循环呢？多数科学家认为，这源于地球轨道形状的变化。地球除了绕轴自转和绕日公转外，还在自转轴上摇摆，故轴会随轨道平面改变倾斜度，另外绕日的椭圆形轨道在趋向圆形。这些因素足以引发气候波动。然而，也有专家研究之后发现，这对地球温度的影响甚小，仅为0.4℃。有趣的是，10万年是冰期转换的周期，而这在地球轨道变化周期中却是变化率最小的周期。还有什么因素控制着冰期循环呢？这还是一个难解的谜。

◎ 间冰期温暖的气候使许多冰川开始融化。

少年探索·发现系列

探秘厄尔尼诺

什么是厄尔尼诺？
一些异常的气候变化都与厄尔尼诺有关吗？

每当圣诞节前后，南美洲的秘鲁和厄瓜多尔沿海的表层海水常常会出现增暖现象，致使沿海渔场内的鱼大幅度减产。沿岸居民对此感到迷惑不解，称这为"厄尔尼诺"（意为"圣婴"）现象。

厄尔尼诺发生时，海水增暖往往是从秘鲁和厄瓜多尔的沿海开始，向西传播，致使整个东太平洋赤道附近的广大洋面出现长时间的异常增暖区，造成这里的鱼类和以浮游生物为食的鸟类大量死亡。海水增温，也导致海面上空大气温度升高，从而破坏了地球气候的平衡，致使一些地方干旱严重，另一些地区则洪水泛滥。这种现象每隔3～5年就会重复出现一次，每次一般要持续几个月，甚至一年以上。

有关厄尔尼诺的成因，科学家们提出了不同的观点，有的认为是地球自转、日月引力和地热活动综合作用的结果，有的说是从副热带高压区域吹向赤道低压带广大区域的盛行风减弱引起的。每种解释都不尽完美，其中仍有许多令人迷惑不解的疑点有待解开。

◁ 厄尔尼诺引发一些地区洪水泛滥。

最不可思议的*自然未解之谜*

拉尼娜之谜

拉尼娜与厄尔尼诺有什么关联吗？
拉尼娜会对气候产生哪些影响？

▲ 拉尼娜使一些地区受到干旱威胁。

与厄尔尼诺正好相反，拉尼娜是指赤道太平洋东部和中部海面温度持续异常偏冷的现象，所以也称"反厄尔尼诺"。"拉尼娜"在西班牙语里是"圣女"的意思。

拉尼娜与厄尔尼诺是赤道太平洋海域水温冷暖交替变化的异常表现，这种冷暖变化过程构成一种循环。

与厄尔尼诺一样，拉尼娜的成因也是一个未解之谜，但可以确知的是，拉尼娜与赤道中部、东部太平洋海面温度的变冷、信风的增强有关，是热带海洋和大气共同作用的产物。

此外，有关拉尼娜对各地气候的影响也众说纷纭。有关专家指出，拉尼娜对气候的影响很难预测，因为它不像厄尔尼诺那样简单。美国科学家认为，拉尼娜可能使美国东南部冬天的温度比正常时期的高，而西北部则比正常时期的低。英国科学家认为，拉尼娜会使北美洲西部、南美洲及非洲东部面临干旱威胁，而可能给东南亚、非洲东南部和巴西北部造成水灾。

▼ 海水变冷或变暖均会对气候产生很大影响。

相关研究仍在继续，解开拉尼娜的谜团指日可待。

臭氧洞为何只现身南极

> 臭氧洞是长期存在的吗？
> 为什么破坏臭氧的物质会聚集到南极上空？

臭氧洞指地球上空的臭氧层因臭氧含量大幅度减少而形成的空洞。每年的8月下旬至9月下旬，在20千米高的南极大陆上空，臭氧总量开始减少，10月初出现最大空洞，面积达2000多万平方千米，覆盖整个南极大陆及南美洲的南端，11月臭氧才重新开始增加，空洞渐趋消失。

臭氧可使地球生命免受有害的太阳辐射，它的缺失对全球气候和环境的影响较大。专家推测，导致臭氧洞形成的原因是人类大量使用作为制冷剂和雾化剂的氟利昂。然而令人奇怪的是，大部分氟利昂都是在人类活动相对较集中的北半球中纬度地区释放到大气中的，而受影响最大的区域却在南极。这是什么缘故呢？

南极臭氧洞是由许多因素的巧妙配合才得以形成的，至于为什么现身南极而不是北极，专家推测，这是因为北极没有极地大陆和高山，气象条件不像南极那么复杂，形成不了大范围强烈的"极地风暴"，所以不易产生像南极那样大的臭氧洞。南极臭氧洞的形成机理相当复杂，因此，目前的理论推测还不能清楚地解释它为什么会首先现身南极。

◀ 近年来的臭氧洞（蓝色区域）

空中杀手——下击暴流

下击暴流是怎样影响飞机飞行的？
下击暴流是如何产生的？

1985年8月2日晚上6时05分19秒，美国德尔塔-191航班客机正在飞行，雨点猛烈地袭击着驾驶舱。2秒钟后，飞机突然因失去了控制而坠毁。事后，专家经过多方面调查分析，查出了伸向191航班的无形杀手是下击暴流。从国际上多次影响航空飞行安全的事件来看，下击暴流，特别是微下击暴流，已成为国际航空业的一大灾害。

飞机在下击暴流的作用下很容易失控。

下击暴流是一种呈辐射状从雷雨云中冲向地面并迅速向四周扩散的下冲气流，它就像悬在空中向下喷洒水流的巨型水龙头，可产生强大的向下气流，使飞行中的飞机就像狂风中的树叶一样，被抛上抛下而失去控制。当气流直冲地面时，气流转变成向外扩散的水平风，力量也大得惊人，能够拔树掀屋，破坏力不亚于龙卷风。

雷雨和冰雹是诱发下击暴流的重要条件。但关于下击暴流是怎样形成的、有什么规律，目前还不明确，仍处在研究之中。

容易出现下击暴流的天气

少年探索·发现系列

地震云之谜

地震云具有什么样的特点？
地震云与地震有怎样的联系？

日本人最早发现，天空中出现一种细长的像稻草绳或条带状的云，可以用来预报地震，所以称它为"地震云"。这种长蛇状的云如果较长时间不消失，则预兆当地可能发生有感地震。这种云的垂直方向，大体就是震源所在地的方向，震源可能较近，也可能很远。

△ 地震云呈长条状。

1948年6月27日，有位日本人在奈良市上空观察到了地震云，便断定将有地震发生。第二天，日本福井果然发生了7.3级大地震。1976年，我国唐山大地震前夕，也有人见过地震云。地震即将发生时，震区上空出现白、灰、橘红等色的带状云，它就是地震云。

地震云是怎样形成的呢？有些人认为，地震前地面断裂带里会有热气上升，它会凝结成地震云。也有人认为，构成云的水滴有磁性，而地震前地磁会发生异常，使这些小水滴沿地震带的磁力线方向排列，形成特定形态的地震云。也有人认为，地震云与地震之间没有对应关系，两者很可能是一种巧合。结论究竟如何，还需进一步研究。

◁ 地震云与普通云不同，不会大片出现。

最不可思议的**自然**未解之谜

晴空降雨之谜

晴空降下的雨都是高空气流刮过来的吗？
为什么会出现同一地点频频晴空降雨的现象？

真难以想象，晴空降雨在许多地方都有发生。据报道，1886年10月，在美国北卡罗来纳州夏洛特市的两棵树之间的一小块空地上，连续3个星期每天下午都会降雨，无论天空是乌云密布，还是万里无云。美国陆军通信兵营的一名工作人员前去调查，惊奇地发现报道属实。

晴空降雨的怪事在我国也时有发生。1991年10月30日，在湖北省长阳土家族自治县都镇湾镇宝塔村，一位村民发现在日头当空的晴天，雨像柱子一般始终落在一米见方的土地上，抬头一看，万里无云的天空落下的是雾状雨水。这一现象连续数日发生。后来，许多人都好奇地前去察看，仍可见从天而降的雨水"擎天柱"。

通常，科学家把晴空降雨解释为：高空气流经过天上的雨区时，把雨点刮到没有云的地方，然后落下来。然而这一观点却解释不了雨为什么会一再地光顾同一个地点。目前，这个谜仍没有解开。

▶ 阴雨天气

▶ 晴空降雨听起来非常不可思议，事实上却很常见。

少年探索·发现系列

奇异的六月飞雪

> 六月飞雪的现象真的存在吗?
> 什么样的气象条件才会导致六月飞雪出现?

一提起"六月雪",人们自然想起元代杂剧家关汉卿的名作《窦娥冤》中的情节:窦娥蒙冤被斩后,血溅白练,六月飞雪,三年大旱。

事实上,现实中确实发生过六月飞雪。1947年6月4日,莫斯科气温骤降,上午天上还飘着毛毛细雨,下午毛毛细雨就变成了片片雪花。1981年6月1日,山西管涔山林区普降大雪,厚达25厘米。1987年农历闰六月二十四,上海市区飘起了小雪花。同年6月5日,河北张家口地区降了一场大雪,最低气温降至-7℃。

为什么会出现不可思议的"六月雪"呢?依据天气动力学理论分析,"六月雪"多半是由夏季高空较强的冷平流搅动引发的。最近,也有专家认为,"六月雪"的产生,很可能与可导致气候异常的太阳活动、洋流变化、火山爆发等因素有关。高空冷平流是夏季高温气流和特殊原因导致的高空寒流相互交汇而形成的,但其产生条件比较特殊和偶然,目前还无法确知。

◀ 六月飞雪可不是虚构的事!

形形色色的怪雨

奇怪的动物雨是谁的恶作剧？
为什么有些怪雨还会选择目标？

下雨本是极寻常的自然现象，但有些雨却很奇异。1940年，在苏联高尔基地区的一个村庄，伴随着电闪雷鸣、急风暴雨，突然从天上降下无数的银币。1949年，在新西兰沿岸地区下过一场"鱼雨"，几千条鱼伴着暴雨同时由天而降，撒满大地。1960年3月，法国南部的土伦地区竟从天降下无数只青蛙。此外，天降"龙虾雨""海蜇雨"等也屡见不鲜。

这些骤然看来不可思议的现象，有些其实是龙卷风的恶作剧。

然而，有些怪雨则不那么容易解释。1973年，两个美国男子碰上了"石头雨"，可奇怪的是"石头雨"一直追着他们的汽车不放。他俩只好躲进路旁的小店等"石头雨"过去。没想到他们刚一出门，石头又掉了下来。

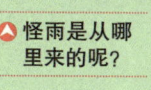
怪雨是从哪里来的呢？

更难以解释的是，怪雨的成分都很单一，一般只掉同一类东西，而且没有其他东西夹杂其间。因此，人们不禁要问，难道龙卷风也会挑选东西吗？看来对于怪雨，人们了解的还不够。

鱼雨

少年探索·发现系列

闪电家园

闪电频繁光顾同一地区，到底出于什么原因？
"闪电家园"里的异象与环境有什么关系吗？

在俄罗斯中部，有一块名为格罗莫维什的旷野，雷电经常会光顾那里，使这块旷地有了"闪电家园"的誉称。

在"闪电家园"，除闪电发生率很高之外，异象也不少。例如，有时旷地上会出现奇怪的光，它就像探照灯发出的光，直指天空。据说，当人走进这块旷地时，心情会立刻变低落，心跳会加快，血压也会升高。

◇ 明亮的闪电划破天空。

这些奇特的现象引起了科学家们的兴趣。经过研究，他们把这一切归因于此地的电阻过低，这样在空气放电时会更容易发生闪电。而此地的电阻之所以低，他们推测是因为此处有暗藏的水源或金属矿藏。有趣的是，这种说法在盗墓者那里得到了某种程度的印证。据说，某些盗墓者专门挑雷雨天来此地，查看闪电击中最多的山丘，待雷雨过后就沿着被雷电击出的土沟向下挖，结果真的挖出了金子。

雷电频繁光顾的原因难道是因为有暗藏的水源或金属矿藏吗？这还需进一步研究。

最不可思议的自然未解之谜

闪电的"魔法"

> 为什么被雷电击中以后人会出现种种怪异的现象？
> 这些怪象是如何形成的呢？

与自然界许多事物一样，闪电也会制造很多怪异的事，好像会魔法一般。例如，许多被闪电击毙或震昏的人往往会失去毛发，头顶全秃。还有一些场合，闪电烧毁了人的衣服，却没有灼伤人的皮肤。

更神奇的是，在法国某个小城，闪电把站在一棵树下躲雨的三名士兵击毙了。他们死时仍站着，看起来好像什么事也没发生似的。雷雨过后，行人上前同他们搭讪，不小心触碰了一下他们的身体，结果三具尸体顿时倒地，化为一堆灰烬。

还有，在1980年的一天晚上，印度一位患白内障双目失明的老人正在家里坐着。突然一声炸雷，他感到脑子震动了约4分钟才恢复正常。第二天早上，他醒来时却发现自己已重见光明了。

这些怪现象该如何解释呢？有科学家推测，这与雷电发生时的高压放电、大气等离子的形成及温度、湿度等众多因素有关，可能还有磁场参与。但对于具体是如何作用的，他们就无法说清了。

▷ 雷电放电时，其能量可以传到地面。

▷ 闪电很可怕，会给城市带来灾难。

少年探索・发现系列

谁点亮了"佛灯"

"佛灯"是怎样形成的？
为什么观"佛灯"要选择特定场所？

在我国的佛教圣地峨眉山及青城山、庐山等地，都有人目睹过"佛灯"。在晴朗没有月光的晚上，站在高处远眺，山间会忽然现出星星点点的光。这些光来来去去、隐隐约约，像是缓步行走的大佛手中引路的灯笼，于是人们便给它们起了一个动听的名字——佛灯。见过"佛灯"的人说它有白、青、蓝、绿等多种颜色。

峨眉山佛光

这些"佛灯"究竟从何而来，又是谁点亮的呢？以前，人们都认为，"佛灯"就是民间传说的"鬼火"，是由含磷的物质自燃引起的。可是"佛灯"是飘荡在空中的，而"鬼火"多是贴着地面移动的，不会飘得很高，且光很弱，在很远的地方就看不见了。由此，这个观点被否定了。于是，有人提出"星光反射说"：高山上的云多漂浮在山中央，它们就好像一面镜子，可将高空的星光反射下来，形成壮观的"佛灯"。可事实并不是这样，在有些山观"佛灯"，还必须选择特定的场所。由此看来，神秘的"佛灯"是怎样形成的仍是一个谜。

峨眉山的金顶是观看"佛灯"的好地方。

印度洋上的"光轮"

"光轮"现象为什么频频出现在印度洋上？
"光轮"是怎样形成的？

从19世纪中期开始，印度洋上频频出现的"光轮"引起了人们的注意。1848年，英国一艘船在航行报告中提到：两个海上"光轮"向船旋转而来，当它们靠近船体时，船的桅杆倒了，并散发出硫黄味。此后，海上"光轮"事件屡见报道。

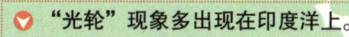
"光轮"现象多出现在印度洋上。

"光轮"有乳白、绿、红等颜色，直径数百米，光从轴心向外围一束束地散射开。"光轮"一边急速旋转，一边向前移动，有时会改变旋转方向，有时又会停止旋转，有时还会改变前进方向。"光轮"在接近船只时，偶尔会毁坏船只，或使船体摇晃。令人奇怪的是，"光轮"大部分都出现在印度洋及其临近海区，其他海区很少发生。

这一现象引起了人们的兴趣。有人认为，"光轮"是球形闪电。但在全世界的气象资料中，从未发现过直径达百米以上的球形闪电。有人推测，它可能是某种海洋生物发出的光。但至今海洋生物学家都还没有发现，有哪一种海洋生物能发出如此强烈的光。看来，神秘的"光轮"现象还有待于深入的探索。

少年探索·发现系列

探索"天再旦"

> "天再旦"是一种什么样的自然现象？
> 除了日食，还有什么因素可导致"天再旦"现象发生？

"天再旦"，顾名思义就是天亮了两次，实指白天突然变暗的现象。据我国史书记载，这一现象在战国时期就曾出现过。到20世纪末，美国科学家通过计算机模拟计算，发现那是日食造成的。

◎ 晴空突然变暗了。

然而，现今人们也发现许多既不是由日食也不是由龙卷风引起的"天再旦"现象。例如，1980年5月19日上午10点，美国新英格兰垦区突然天地昏暗，好像进入茫茫黑夜一般，这一怪象一直持续到第二天黎明。类似的例子还有很多。

这种神秘的黑暗从何而来？科学家对此众说纷纭，有的说与天外星球来客有关，它们从地球上方穿过，造成地球上某些地方出现暂时的黑暗；有的猜测是微型黑洞造成的，它们经过地球上空时，就把附近的阳光"吞食"掉了。关于这一异象尚无定论。

◎ 火山爆发时会出现类似的情况。　　◎ 日落时分天变暗了。

绿色阳光奇观

> 绿色阳光通常在什么时候才出现？
> 阳光色散出来的绿色为什么能被人眼看到？

1976年7月20日黄昏，波兰帆船"晨星"号驶入萨摩亚以西的海域时，有个舵手看见天边有道耀眼的好像绿宝石发出的绿色光芒，但时间非常短，大概只有几秒。据称，在埃及和亚得里亚海沿岸，几乎每天日出和日落时都可以看到绿光。

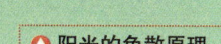
▲ 阳光的色散原理

专家解释说，太阳光是由红、橙、黄、绿、青、蓝、紫七种单色光组成的，它在地平线附近射向大气层时发生色散，因红光波长最长，折射角最小，所以随着落日最先没入地平线，接着没入地平线的是橙光、黄光，这时还剩下绿光、青光、蓝光和紫光。由于青光、蓝光和紫光的波长比较短，穿越大气层时会被大气中的尘埃散射，从而变得微弱，人眼几乎观察不到，只有绿光还比较强，能够到达人眼，并且显得格外耀眼夺目，由此形成"绿色阳光"的奇观。

理论上的确如此，可现实中绿色阳光非常罕见，它在什么样的气象条件下才会出现呢？没人说得清。

▼ 绿色阳光只出现在日出或日落时分。

少年探索·发现系列

无名怪火

"马特利现象"的发生与气候干燥,与人体状况都有关吗?
如果说怪火是高强静电造成的,那么高强静电又是怎样形成的?

从远古时代起,人类就和火结下了不解之缘。然而,火在给人类带来光明和温暖的同时,也会造成灾难。在沙特阿拉伯腹地的哈迪岩村,居住着一位叫拉西德·马特利的牧羊人。1986年的一天中午,他家一间用羊毛制成的小毡房突然起火,他和妻子一起把火扑灭。可第二天,一间内屋又莫明其妙地起火了。马特利觉着奇怪,立即跑去报告村长。当村长赶到时,大火已烧掉了3间屋。后来,马特利在专家的建议下搬了家,然而新家同样又遭遇了奇怪的火灾,而且他放在汽车里的一件衣服也无缘无故地自燃了。马特利家的怪火奇事一下子出了名,这种莫名其妙燃烧的现象也被命名为"马特利现象"。

类似"马特利现象"的事例还有很多,不仅中东有,世界其他地方也出现过。很多科学家在研究了"马特利现象"之后认为,是人体所带的高强静电在释放时引起了怪火。也有人称,是一种易燃烧的"燃粒子"引发了原因不明的燃烧。但这些都仅仅是假说,"马特利现象"向现代科学提出了挑战。

◀ 无名怪火引燃了房屋。

◀ "马特利现象"常被用来解释一些原因不明的燃烧。

[第四章]

古怪精妙的生命谜团

地球这个美丽的星球不仅拥有绚丽的自然风光，还孕育出了复杂多样的生物。同样，生物界也充满了各种各样的待解谜团，例如，发生在史前时代的生命起源、恐龙灭绝等，来历不明的"肉团"和星星冻，植物界的灾难预言家、植物血型、植物自卫等，动物界的复仇事件、神奇的躯体再生等，以及令人难以置信的尼斯湖水怪、异肤色人种等。总之，在这一章里，我们可以领略到自然界中许多古怪而又充满奇趣的生命谜团。

少年探索·发现系列

寻找 生命 诞生的线索

地球上的生命是怎样起源的？
什么样的环境才能造就生命？

在浩瀚的宇宙中，地球是一颗独特的星球，一颗由生命塑造的星球。然而，在大约46亿年前地球刚刚诞生之时，这里却是一个被火山熔岩和有毒气体包裹，被陨星无情撞击的死亡之地。那么，生命最终是如何在地球上出现的呢？

▲ 古老的埃迪卡拉生物化石

千百年来，人们一直在试图破解这一谜底，学者们也提出了各不相同的见解，其中"化学起源说"是被广大学者普遍接受的生命起源假说。这一假说认为，地球上的生命是在地球温度逐步下降以后，在极其漫长的时间内，由非生命物质经过极其复杂的化学过程，一步一步地演变而成的。

"化学起源说"将生命的起源分为四个阶段：

第一个阶段，从无机小分子生成有机小分子的阶段。原始地球形成之后火山活动频繁，其喷发出来的气体形成原始大气。原始大气的主要成分

◀ 呈热熔融状态的原始地球

最不可思议的自然未解之谜

▲ 原始生命在海洋里出现。

是甲烷、氨、水蒸气、氢等，它们在宇宙射线、闪电等作用下，一部分很偶然地合成了有机小分子，如氨基酸、单糖等。1953年，美国科学家斯坦利·米勒模拟原始地球大气，进行放电实验，证实了这一点。

第二个阶段，从有机小分子生成生物大分子。这一过程是在原始海洋中发生的。氨基酸、核苷酸等有机小分子经过长期积累，相互作用，在适当的条件下形成了原始的蛋白质分子和核酸分子。

第三个阶段，从生物大分子组成多分子体系。关于这一点，苏联学者奥巴林提出了团聚体假说。他通过实验表明，将蛋白质、多肽、核酸和多糖等放在合适的溶液中，它们能自动地浓缩聚集为分散的球状小滴，这些小滴就是团聚体。奥巴林等人认为，团聚体可以表现出合成、分解、生长、生殖等生命现象。

第四个阶段，有机多分子体系演变为原始生命。这一阶段是在原始的海洋中形成的，但目前人们还不能在实验室里验证这一过程。

除"化学起源说"外，"热泉生命说""天外起源说"等生命起源假说也纷纷提出。看来要想破解这个亘古难解的谜团，只有期盼更新、更权威的研究成果出现。

▶ 前寒武时期的细菌化石

揭秘大自然 Nature

生命证据

地球最古老的沉积岩距今有38亿年，而最早的生命证据是西澳大利亚的Warrawoona微生物化石群，距今已有35亿年。这表明，地壳形成后不久，生命就出现了。

寒武纪生命大爆发

寒武纪生命大爆发真的存在吗？
为什么在寒武纪以前的地层里缺少动物化石？

大约在5亿年前寒武纪开始时，绝大多数无脊椎动物在短短的几百万年内出现，其化石大量出现在寒武纪地层中，而在寒武纪之前更为古老的地层中却找不到动物化石，这一现象被称作"寒武纪生命大爆发"，简称"寒武爆发"。

这一被称为古生物学和地质学上的悬案，一直困扰着学术界，吸引着无数古生物学家和进化论者去寻找证据，探讨其起因。目前，学术界有两种观点：一种观点称，寒武爆发是一种假象，造成化石缺档的原因可能是没有发现，或是被地层的热与压力作用销毁；另一种观点称，寒武爆发是生物进化过程中的真实事件，由于大气含氧水平提高及臭氧出现，引发生物大发展。然而，后一观点却遭到了地质学家的否定。他们称，在距今10亿~20亿年之间的沉积层中含有大量严重氧化的岩石，这说明在寒武纪前就已存在生命爆发的氧条件。由此看来，只有随着化石的不断被发现及新理论的建立，这一谜团才可能真相大白。

◀ 寒武纪时的海洋

◀ 寒武纪时的动物

最先登陆的植物是什么

登陆植物需要具备哪些特征？
哪一种植物最先登陆？

地球上最早的生命都生活在海洋里，后来才逐渐移居陆地，陆地上才有了植物。可是，人们对于哪种植物最先登上陆地却看法不一。

有人认为，最先登陆的是裸蕨类植物，理由是它们有维管束，可以输送水分到各个部位，供叶片进行光合作用和蒸腾作用。他们把有无维管束作为判定标准。

也有人认为，最早的陆生植物应该是苔藓。他们认为，陆地上最早的植物比较原始，不一定非有维管束，像苔藓体内已经有了保护生殖细胞的复杂有性生殖器官——颈卵器与精子器，其能发育成胚，胚才是陆生植物的特有表征。

▲ 有人认为苔藓是最早登陆的植物。

还有人认为，最先登陆的植物是藻类。持这种观点的人着眼于植物的光合作用。科学家们已从藻类中发现叶绿素、岩藻黄素、藻红素和藻蓝素等多种光合色素，其中绿藻门类植物所含色素的种类及组成比例与陆地植物的比较一致，由此推论它们是最早的登陆植物。

▶ 蕨化石

然而，每种假说都有不足之处，要想揭开谜团，还需更有力的证据。

◀ 蕨类植物

少年探索·发现系列

生物向两性进化之谜

多数生物为什么只有两种性别？
是什么因素促使雌雄两性差别出现？

大自然孕育了生物，生物在进化过程中慢慢地出现了性别。从理论上讲，一种生物可以有多种性别。事实上，有种黏液霉菌就有13种"性别"。但这些多性别的物种很稀有，大多数物种都只有雌性和雄性两种性别。

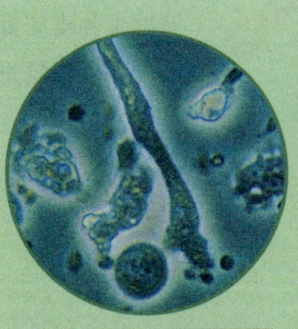

▲ 变形虫等低等动物采用原始的分裂生殖方式。

这一现象提出了一个进化方面的神秘问题，如果地球生物有100种性别，并且可以与其中任何一种物种交配，那么地球生物在其周围的环境中找到伴侣的几率将达到99%。既然两种性别大大降低了物种延续的概率，那么生物为什么大多还只有两种性别呢？

最初，有科学家认为，地球上的生物之所以只有雄雌两性，是因为大约20亿年前生物曾经遭受到细菌的感染。近年来，有人提出了一种比较合理的解释，认为这是基因组在"争斗"过程中进化妥协的结果，两性生殖方式可以减少突变发生。真实的原因到底是什么呢？这还有待于深入的研究。

◀ 企鹅是典型的两性生物。

二叠纪生物灭绝之谜

二叠纪生物灭绝的规模为何如此巨大？
全球变暖能够使如此众多的生物灭绝吗？

根据化石记录，地球曾发生过5次大规模的生物集群灭绝事件，其中最严重的是2.5亿年前二叠纪末期的生物灭绝事件。在那次事件中，约有70％的陆生物种和超过95％的海洋物种消失。陆地上原本繁盛的两栖类、爬行类和昆虫等几乎消失殆尽，海洋中的无脊椎动物和珊瑚等也损失惨重，其中三叶虫全部覆灭。

▲ 二叠纪时的杜味螈化石及其复原图

科学家们对大灭绝事件感到迷惑不解，纷纷推测原因。最初，他们认为是小行星撞击地球所致。后来，有地质证据显示，二叠纪末发生过大规模的火山爆发，火山爆发释放出大量有毒气体，同时使气温上升，对全球气候造成影响。但专家们经过计算发现，虽然如此大规模的火山爆发可令气温上升5℃左右，使许多物种消亡，但绝不至于毁灭95％，要达到这一水平，温度起码得升高约10℃。于是又有人提出，海底冰冻的甲烷因升温而逐渐释放，又使海洋升温5℃，这足以使绝大多数生物灭绝。事实果真如此吗？还有待继续研究证实。

▷ 在二叠纪之前的石炭纪，地球上的生物生长得异常繁盛。

少年探索·发现系列

恐龙是如何灭绝的

恐龙灭绝事件为什么发生得这么突然？
小行星撞击地球真能对恐龙的生存造成这么严重的影响吗？

早在中生代，地球还是一个恐龙主宰的世界，无论是平原、森林，还是沼泽，到处都可以看到恐龙的身影，种类达250多种。这个庞大的家族在地球上生存了1.4亿年之久，可是在大约6500万年前的白垩纪末期却突然灭绝，从地球上彻底消失，只留下一些化石供人研究与探问。

恐龙为什么会突然灭绝？长期以来，最权威的观点认为，恐龙的灭绝和6500万年前的一颗大陨星有关。当时曾有一颗直径7～10千米的小行星坠落在地表，引起一场大爆炸，把大量的尘埃抛入大气层，形成遮天蔽日的尘雾，导致植物的光合作用暂时停止，恐龙因食物链破坏而灭绝了。这一理论得到了许多科学家的支持。1991年，在墨西哥的尤卡坦半岛发现一个古老的陨星坑，又进一步证实了这一观点。但也有许多人对此持怀疑态度，他们辩驳的理由是，蛙类、鳄鱼以及其他许多对气温非

灾难降临时，恐龙四处奔逃。

◀ 恐龙化石的形成过程

最不可思议的自然未解之谜

常敏感的动物都熬过了白垩纪而生存下来，为什么唯独恐龙消亡了？

除"小行星撞击论"外，认可度较高的假说还有"气候变迁说""物种斗争说""大陆漂移说""被子植物中毒说"等。"气候变迁说"称，6500万年前地球气温大幅下降，造成大气含氧量下降，令恐龙无法生存；"物种斗争说"称，恐龙时代末期，小型哺乳动物出现，它们大多属啮齿类食肉动物，可能以恐龙蛋为食，因缺乏天敌，数量越来越多，最终吃光了恐龙蛋。"大陆漂移说"称，由于地壳变化，原始的泛古陆在侏罗纪发生较大的分裂和漂移，最终导致环境和气候的变化，恐龙因此而灭绝。"被子植物中毒说"称，白垩纪末期，地球上的裸子植物逐渐消亡，取而代之的是被子植物，这些植物中含有裸子植物中所没有的毒素，而恐龙大量摄入被子植物，导致体内毒素积累过多，最终被毒死。

然而，所有假说都缺乏足够的证据，因此有关恐龙灭绝的真正原因，还有待进一步研究。

揭秘大自然 Nature

恐龙时代

中生代是地球历史上最引人注目的时代，脊椎动物开始全面繁荣，爬行动物在海、陆、空都占据统治地位，其中主宰者是恐龙，因此中生代亦被称为"爬行动物时代""恐龙时代"。

◀ 有人认为，行星撞击地球引起了恐龙灭绝。

101

少年探索・发现系列

大型哺乳动物 为何灭绝

全新世时期地球上为什么会有那么多大型哺乳动物？是什么原因导致了大型哺乳动物的消失？

我们现今的世界，与1.3万年前最后一次大冰期中的祖先们所处的环境相比，可以说是"太荒凉"了，因为很少看见体形庞大的动物。在那个时代，不论是在非洲，还是在欧洲、亚洲或美洲，以采集狩猎为生的古人常常可以看到多种体形非常巨大的哺乳动物，例如：猛犸象、巨鹿、毛犀牛、穴熊、河狸兽、剑齿兽、骆驼兽、剑齿虎等。而今天，这些庞然大物都已经从地球上消失，替代它们的却是体形相对较小的动物。这是怎么回事呢？

有专家推测，在恐龙灭绝之后，地面上的哺乳动物少了争夺食物的竞争对象，因此形体变得越来越庞大。而这些动物最终也为此付出代价——在始于约5万年前、终于约1万年前的全新世物种大灭绝中相继消失。是什么原因造成这种情况发生的呢？多数研究者认为，可能是大冰期末期的气候剧变引起的，也可能是由遍及各大陆的致命掠食者——人类造成的。真相到底如何，科学界仍众说纷纭。

△ 始祖象

◁ 大懒兽的骨架

谁使猛犸象消失了

> 猛犸象的灭绝是否与同一时期大型哺乳动物的灭绝有关？会不会是病毒导致猛犸象灭绝？

猛犸象生活在北半球的第四纪大冰期时期，距今有300万年到1万年。其身高约5米，体重10吨左右，由于身披长毛，可抵御严寒，所以它们一直生活在高寒地带的草原和丘陵上。猛犸象不仅与现在的大象非常相似，还和现在的大象拥有着共同的祖先。然而令人奇怪的是，大象一直繁衍到了今天，猛犸象却灭绝了。是什么原因令猛犸象灭绝了呢？

△ 冰冻的小猛犸象尸体

最初，人们认为猛犸象是因为气候变化才逐渐灭绝的。伴随着猛犸象化石的不断发现，有学者注意到，有的猛犸象被肢解了，有的骨头被砸开了，有的身上少了肋骨，他们由此推论：猛犸象遭遇了人类的大规模捕杀。可是，当时的人类可以以马、骆驼和一些小动物来维持生计，为什么要冒险去攻击庞大的猛犸象呢？人为原因似乎解释不通。后来，在猛犸象的遗骨里，专家发现一些猛犸象有过生病的迹象。这么看来，很可能是一种能在象群中传播的疾病，使猛犸象的数量迅速减少。如此看来，要揭开猛犸象灭绝的秘密，还需更多的证据。

▷ 猛犸象遭到原始人的攻击。

哪里来的星星冻

> 星星冻是一种什么样的东西?
> 为什么星星冻总是从天上落下?

在威尔士方言里,"星星冻"的意思是"来自星星的腐烂物",它描述的是,当奇怪的亮光或流星似的物体从天空飞过之后,落在地面上的胶冻状物质。早在1541年,就有人描述过星星冻。以后类似的目击事件时有报道。

▲ 星星冻与燕窝一样,是鸟的呕吐物吗?

1819年8月13日晚,一个火球从天而降,落在美国马萨诸塞州阿默斯特市一户人家的院子里。第二天早上,这家主人在院里发现了一摊奇特的物质,呈棕色,掀开外壳后露出柔软的部分,并有恶臭。不久,那东西变成血红色。有人把它收集到玻璃瓶里。两三天后,那东西消失了,只剩下一层深色薄膜,用手轻轻一捏,薄膜立刻化为灰烬。

最初,人们认为星星冻是落入地球的星际残余物。后来,科学家们认为星星冻与星星没有关系,而是鸟类的呕吐物。植物学家却称那是一种念珠藻。另有学者认为那可能是一种凝胶状菌类。然而目前的解释均无法令人信服,星星冻的来源仍是个谜。

◀ 星星冻会不会是生长于腐木间的真菌?

奇怪的"肉团"

"肉团"是一类什么样的生物?
太岁与怪"肉团"是同一种东西吗?

▲ 怪"肉团"

近几年来,我国各地不断有报道称,发现了奇怪的"肉团",这究竟是怎么回事呢?1992年8月,陕西周至县一个农民无意中从河里捞出一团像肉的东西,它呈黄褐色,好像已经腐烂了,可是并没有发出臭味。这个农民把它带回家里,割下一块放到锅里煮着吃,吃后也没觉得有什么特别的味道。于是,他就把怪肉扔在一边,没想到几天后它竟然长大了。

奇事传出后,一些学者纷纷赶来研究这块怪肉。他们初步推测,怪肉是一种大型黏菌。黏菌是介于动物和真菌之间的一种原质体生物,既有原生物的特点,也有真菌的特点,十分罕见。也有人认为,怪肉是古书中所说的"太岁",吃了可以延年益寿。事实上,这种生物十分稀少,人们对它到底是什么,生活在什么样的环境下,有什么样的习性、功效等,还存在许多疑问,需要经过长时间的研究才能得出结论。

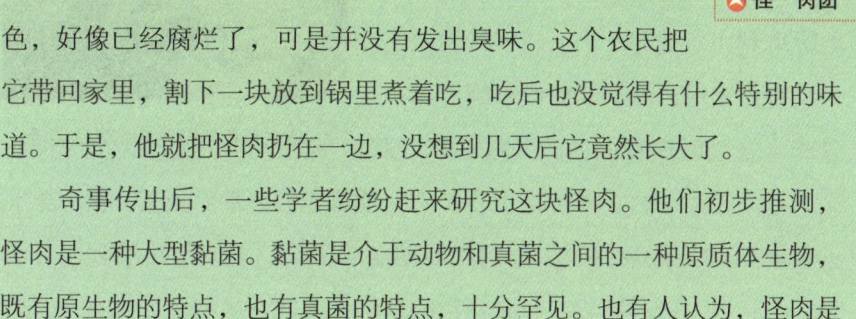

▶ 各种各样的怪"肉团"

▼ 黏菌多出现在潮湿的溪流边。

少年探索·发现系列

植物也有"感情"吗

植物是靠什么来控制"情绪"的?
没有神经系统的植物是怎样感应到外界信息的?

对植物感情最早进行研究的是一个叫巴科斯特的美国人。1966年,巴科斯特给一株龙血树浇水时,把测谎仪的电极绑到龙血树的叶子上。不料测谎仪很快有了反应,测到的曲线急剧上升,这和人激动时测得的曲线一模一样。后来,他改装了一台记录测量仪,将它与植物连接,然后划着一根火柴靠近植物,结果记录仪的指针剧烈地摆动起来,这表明植物感到了"害怕"。接着,巴科斯特又将几只活的海虾丢入放在植物旁的沸水中,刹那间植物又陷入极度恐慌。后来,巴科斯特又用其他植物重复这一杀生实验,结果植物都表现得很恐慌。

▲ 植物会用轻微的动作表达感情。

难道说植物真的会"害怕"?有人认为,巴科斯特的实验并不科学,检测仪的指针摆动不过是由于植物体内循环水分的变化引起电流变化而已。但也有人坚持认为植物有感情,水分循环的变化是受它们的"情绪"控制的。究竟谁是谁非,现在还不能下定论。

◀ 为了欢迎蝴蝶,花儿会尽情绽放。

最不可思议的自然未解之谜

探索植物的"语言"

植物用什么样的方式来表达自己的"语言"？
研究植物的"语言"有什么重大意义吗？

为什么一株合欢树被羊啃食后，周围合欢树的叶子中会很快产生苦味物质？为什么当一株橡树被砍伐后，旁边的橡树会产生更多的种子？生物学家们指出，这是因为植物之间能互通"信息"，尤其是同类植物之间，完全可能进行"对话"。原来，许多植物在受到伤害时会释放出一种特殊"信号"语言，这种"信号"可能是某种化学物质，也可能是特定的振动波。附近的植物在接收到"信号"后，会各自采取防卫措施。

研究植物的语言是一项开拓性工作。现在，有不少科学家发现，植物的"语言"非常丰富。当然，要破译植物的"语言"可不是一件容易的事，还有很多问题要解决。不过到时候，人们完全掌握了植物语言后，就可以根据植物的"要求"为它们安排"左邻右舍"，这样就能保障农业丰收了。

▽ 树林里的植物会用自己的"语言"互传信息。

植物也睡觉吗

> 植物进行睡眠是出于什么原因？
> 为什么有的植物不睡眠？

合欢树的叶子在晚上会合拢睡觉。

人和动物都需要睡眠，植物是否也会睡眠呢？只要你细心观察就会发现，到了傍晚，牵牛花收起了喇叭，蒲公英握紧了黄色的花瓣，合欢树也收拢了叶子……原来它们在睡觉。其实，自然界的很多植物都会睡觉，只不过有的在白天睡，有的在晚上睡。植物学家把这种现象叫作睡眠运动。

植物的睡眠现象虽然有趣，但是科学家们却对此充满了疑惑：植物为什么要睡眠？最近几十年，科学家们围绕着这些问题展开了广泛的研究，提出许多观点。有的说，植物合拢花、叶睡眠，往往比不睡眠的植物"体温"高出1℃，可以有效地减少热量的散失，以抵御夜晚的寒冷。那么，那些没有明显睡眠的植物又是怎样做的呢？有的又说，植物睡眠是为了少接触月光，适应昼夜变化。然而这却解释不了为什么有些植物白天睡觉。还有人说，睡眠能加速植物的生长。可是有睡眠的植物一定比没有睡眠运动的植物生长得快吗？这些解释都不够圆满，不能成为定论。

睡莲在夕阳西下后，闭合花瓣，进入睡眠状态。

植物为什么会有血型

植物的血型是怎样被发现的？
血型物质对植物而言有什么意义吗？

植物血型的发现实属偶然。20世纪80年代初，日本警察科学研究所法官山本茂在侦查一起凶杀案时，意外地发现现场未沾血的枕头上竟有微弱的AB血型反应。于是，他对枕头内装的荞麦皮进行血液鉴定，发现荞麦皮具有AB型血的特征。随后他又对多种植物进行化验，从而发现很多种植物都有血型。

△ 植物也有不同的血型。

我们知道，人和一些动物的血液是红色的，里面有红细胞，在红细胞表面有一种特殊的抗原物质，是它决定了血型。但是植物没有红色的血液，也没有红细胞，为什么会有血型呢？人体的血型是由血型糖来决定的。科学研究发现，植物体内也含有和人类血型糖一样的物质，因此能显现出血型，且以O型居多，有B型和AB型，没有A型。科学家还发现，多数植物的种子和果实内都含有血型物质。

目前，植物血型的探索才刚刚开始。对植物体内为什么会存在血型物质，血型物质对植物有什么意义等问题，科学家们还没有完全弄清楚，需进一步研究。

▽ 植物与人相似，体内含有血型物质。

少年探索·发现系列

植物的生长方向之谜

植物为什么会按特定的生长方向生长？
重力作用影响植物的生长方向吗？

植物从一粒小小的种子萌发开始，就知道根应该往地下生长，茎则伸向天空。然而就是这个极为普通的现象让我们感到疑惑：植物为什么要这样做呢？它是怎样懂得"上"和"下"的概念的？怎样解释这种生理机制？

◁ 正在长根的种子

科学家们首先想到的是重力，然而这无法解释植物的芽和根在改变生长方向时，各部分细胞的生长速度为什么不同。1926年，美国植物生理学家弗里茨·温特通过植物胚芽鞘与光反应的实验，发现了植物生长素。温特认为，植物的根、茎或叶向下、向上生长及弯曲都是由于生长素在组织内的不对称分布造成的。然而就在很多科学家投入植物生长素机理研究之时，另有美国植物学家迈克尔·埃文斯提出崭新的理论，他认为无机钙对植物的生长方向起着举足轻重的作用，但机理还不明确。

◁ 正在生长的幼苗

谁在控制植物生长的方向，这一研究课题已日趋深入，是生长素还是无机钙，还是兼而有之？目前这依然未知，有待于进一步的探索。

◁ 生长旺盛的林地

跳舞草为何爱跳舞

> 为什么只有少数像跳舞草之类的植物爱动呢?
> 跳舞草不停地运动是为了散热吗?

▲ 结荚的跳舞草

说到人或动物跳舞,没人觉得奇怪。可是你知道植物也会跳舞吗?在菲律宾、印度、越南以及我国云贵高原、四川、台湾等地的丘陵山地中,生长着一种能翩翩起舞的植物,它们对阳光特别敏感,当受到阳光照射时,两枚叶片就会马上像羽毛似的飘荡起来,翩翩起舞。因此,人们把这种草叫"跳舞草"。

跳舞草为什么要不停地跳舞呢?这一直是植物学家好奇的问题。有人认为与阳光有关,就像向日葵冲着太阳转动花盘一样。又有人提出,这是植物体内微弱的生物电流的强度和方向变化引起的。也有人从外部环境寻找原因,认为跳舞草舞动时可躲避一些昆虫的侵害。也有科学家认为,这种生长在热带的植物,靠转动叶片的方式躲避酷热,减少水分流失。

关于跳舞草跳舞的真正原因,至今还没有形成一致的意见,需要植物学家们继续深入探索。

▶ 跳舞草

▶ 正在舞动的跳舞草叶片

少年探索・发现系列

植物 为何爱超声波

> 植物都喜欢"听"什么样的音乐?
> 超声波为什么受植物青睐?

优美动听的音乐,不仅人爱听,植物也爱"听"。不仅如此,它还能对植物产生奇妙的作用呢!法国一位园艺家把耳机挂在番茄植株上,每天3个小时为它播放优美的乐曲,结果番茄猛长,果实长到2千克重,成为世界上的"番茄王"。苏联有一个农场,每天为温室蔬菜播放两次优美的音乐,结果产量提高了两倍。

然而,植物对音乐也是有选择的,它很讨厌"听"带有噪声的乐曲。实验证明,优美的乐曲对植物有益,而噪声对植物反而有害。

更令人惊奇的是,一种人耳不能分辨的超声波(每秒钟振动2万次以上的声波),植物也喜欢"听",而且"听"了之后,会促进种子萌发,加快生长,使作物产量大大提高。

植物爱"听"超声波的事是偶然发现的。在法国国家科学研究中心的实验室附近,有人发现那里的花草长得特别快,甘薯和萝卜要比别处的大很多。这一奇妙的现象引起了科学家的兴

◀ 听了音乐的花显得生机勃勃。　　◀ 超声波可使果树增产。

趣。他们经过一番研究后发现,原来是实验室使用的超声波刺激了植物的生长。于是,这家研究中心建立了实验园,实验超声波培植法。经过两年的努力,研究人员试制成农用超声波播放器,通过定时播放超声波,使各种蔬菜生长得又快又大,增产2~3倍。

▲ 科学家制造了超声波播放器,用在农业生产中,使作物增产。

其他国家也进行了类似的研究。英国用超声波培植法,培育出2.7千克重的卷心菜和6.4千克重的甜菜。美国和德国将超声波用于花卉生产,结果开出的花不仅大、色彩艳丽,而且花期还长。

我国对超声波培植法的研究,也取得了可喜的成果。水稻、玉米、白菜、黄瓜等经超声波处理后,大大提高了产量。用超声波处理小麦种子,可提高出苗率,增加产量8%~10%。棉花经超声波处理后,提高了结桃率,并提前3天吐絮。

音乐和超声波为什么对植物有如此奇妙的作用呢?科学家认为,音乐声波和超声波都是一种能量,可使植物细胞膜的透性增大、加速细胞内物质转化,从而促进植物生长,但具体机理相当复杂,目前还不是很清楚,有待于进一步探索。

▷ 超声波令植物焕发生机。

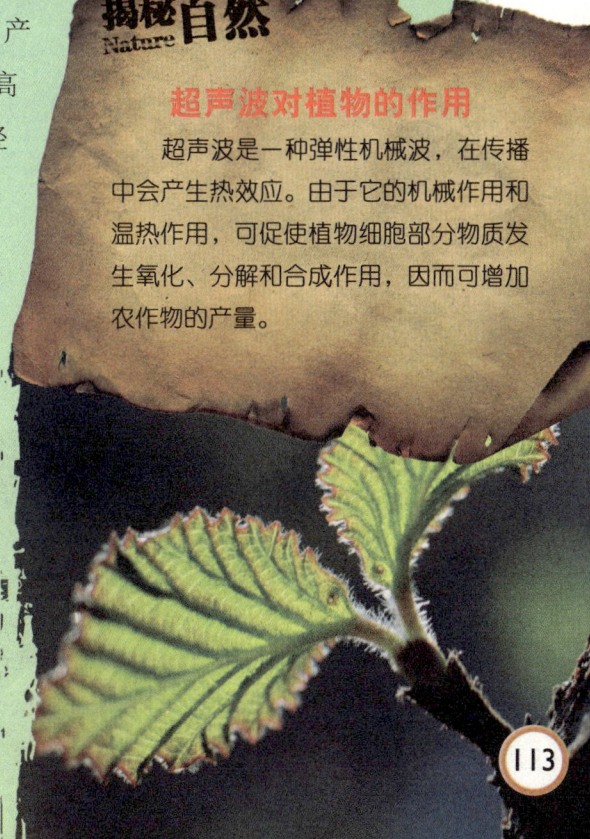

揭秘大自然 Nature

超声波对植物的作用

超声波是一种弹性机械波,在传播中会产生热效应。由于它的机械作用和温热作用,可促使植物细胞部分物质发生氧化、分解和合成作用,因而可增加农作物的产量。

少年探索·发现系列

奇异的植物自卫

植物会采取什么样的方式自卫?
植物体内的毒性物质是怎样产生的?

科学家们发现,有些植物在受到虫兽侵害之后竟能产生自卫的化学武器。1970年,美国阿拉斯加州的原始森林中野兔横行,它们疯狂地啃食嫩芽、破坏树根,严重威胁植物的生存。人们绞尽脑汁围捕野兔,但收效不大。然而很快奇迹出现了:野兔们集体闹起肚子,死的死,逃的逃。几个月后,森林中再也见不到它们的踪迹。原来,兔子啃过的植物重新长出的芽、叶中产生大量名为萜烯的化学物质,野兔吃了就会生病死亡。

1981年,美国东北部的大面积橡树林中也发生过类似的事,橡树的叶子被大量的舞毒蛾啃食。然而到了第二年,舞毒蛾却突然销声匿迹,橡树又恢复了生机。其秘密在于,遭啃食后新长出的橡树叶子中单宁含量大增,影响了害虫的生长和繁殖。

◀ 花刺其实是植物防卫的招数之一。

此类事件在自然界中时有发生,可令人费解的是,植物在遭侵害后是怎样立即生产"自卫武器"的?植物间又是如何"联络"和"约定"的?这些都还是未解之谜。

◀ 在被动物啃食之后,很多植物会生成一些化学物质来保护自己。

最不可思议的自然未解之谜

植物界的灾难预言家

> 含羞草为什么能够提前感受到灾难信息？
> 植物的反常现象能准确预言什么？

小小植物不起眼，却具有预知灾难发生的神奇本领。这引起了相当多科学家的关注，他们进行了大量的观察，发现能预知灾难的植物不在少数，其中堪称"灾难预言家"的要算含羞草了。

含羞草能预知地震的发生。通常情况下，含羞草的枝叶是在日出前30分钟舒展开，日落30分钟后才收拢，非常有规律。假如它们违反常规，则暗示大自然可能发生变异，这或许是地震发生的前兆。除地震外，含羞草还能预知台风、低气压的逼近，雷雨的袭击，火山爆发等。

▲ 树木生长异常可能预示着有灾难发生。

其实除含羞草外，很多树木也有这样奇异的超能力。当树木出现重花（二次开花）、重果（结二次果）、结了果后再度开花，或者发生突然枯萎死亡等异常情况时，这表明可能要发生地震了。

由于植物的反常现象存在一定的复杂性，无法一一辨识，因此研究起来很困难。不过，一旦植物预知灾难的超能力之谜被揭开，那么它将在人与自然的斗争历史中起到划时代的作用。

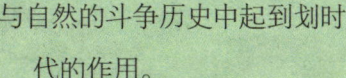

◀ 植物生长异常的表现是多种因素造成的，有些并不能预测灾变。

少年探索·发现系列

冬虫夏草的生长之谜

> 冬虫夏草是怎样生长的?
> 为什么虫草这种真菌能寄生在虫体内?

冬虫夏草的样子很奇特,说它是动物,它的根又深扎在泥土里,头上还长着一根草;说它是植物,它的根又是一条虫子,长有头、嘴和足。那么,它到底是植物还是动物?为什么会长成这般怪模样?

▲ 能入药的冬虫夏草

原来,有一种叫作蝙蝠蛾的昆虫,在冬天来临之际,将虫卵产在土壤里,然后静静地死去。当虫卵在土壤里经过1个月的孵化,便形成了白胖胖的幼虫。有一种真菌,一遇到幼虫便对它进行进攻,钻入幼虫体内吮吸虫体的营养。冬天,虫草在幼虫体内大量繁殖,使虫子还没有爬出地面便死了。天气转暖后,虫草便破土而出,从幼虫壳体的头部长出一根顶端呈椭球状的棒,这才有了既像虫又像草的古怪模样。于是,人们就给它起了个"冬虫夏草"的怪名字。

然而,虫草这种真菌是如何钻入幼虫体内的,又怎样在幼虫体内寄生那么长时间,最终从虫头部长出一棵草的,至今这还是谜。

◀ 正在生长的冬虫夏草

竹子开花之谜

"竹子开花大旱年"这一农谚有科学道理吗?为什么竹子开花的行为会不同于其他植物?

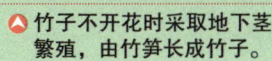

竹子不开花时采取地下茎繁殖,由竹笋长成竹子。

种子植物开花结实本来是一件很正常的事,可是对于竹子来说却恰恰相反。竹子生长到一定年龄也开花结实,但竹花盛开之后,原本郁郁葱葱的竹林就会变得干枯凋萎,最后成片死去。为什么竹子开花后会成片枯死呢?这令人迷惑不解,科学家对此也持不同观点。有些科学家认为,这跟开花植物的生物周期有关。竹子的生物周期与其他植物的不同,一生只开花结实一次,结实之后植株就死了。它们生长到一定年龄后必然出现衰老,为繁衍后代,所以在生命结束之前开花、结实。也有科学家认为,气候异常、干旱、病虫害或管理不好,都会引起竹子开花、结实,开花的目的在于产生生活能力更强的后代,以适应新的环境。有人做过实验,用人工手段使竹子处于干旱状态,结果竹子真的开花了。由此看来,竹子开花到底因为什么,还有待深入研究。

生长繁茂的竹林

少年探索·发现系列

高山上的花儿为何艳

> 平地上的花儿为什么不如高山上的花儿开得艳?
> 植物色素有什么用处?

在人们的印象中,高山、高原地区由于海拔高,气候寒冷,自然条件恶劣,生长在这里的植物都十分低矮,既不美丽,也不起眼。其实根本不是那么一回事。春夏之交,如果你到高山上去看一看就会发现,那里漫山遍野开着鲜花,各色各样的花朵争芳吐艳,姹紫嫣红,花香四溢,灿烂夺目,构成一座天然大花园。高山上的鲜花不仅数量多,而且花朵的颜色特别艳丽。

高山植物所开的花为什么特别艳丽动人呢?大部分植物学家认为,这是高山地区植物适应环境的结果。高山上空气稀薄,紫外线特别强烈。紫外线能对花朵细胞中的染色体造成破坏,阻碍核苷酸的形成。为了与这种不利因素做斗争,高山植物就在体内大量产生类胡萝卜素和花青素,这两类色素物质能吸收大量紫外线,从而使细胞正常的生活逐渐与环境适应。同时,这两类色素物质的大量产生,使花儿

▽ 郁郁葱葱的高山植物

▲ 高山上的花儿开得很艳。

的颜色变丰富了。类胡萝卜素是包含红色、橙色和黄色在内的一个大色素类群，有了它花儿就具有了上述几种色彩。花青素对花儿颜色的影响更大，它可以使花儿呈现出橙、粉、红、紫、蓝等多种颜色。由此可见，这两类色素越多，花儿的颜色就越丰富。

还有一些植物学家提出了不同的见解。虽然他们也肯定了色素的作用，但对色素的形成提出了新的看法。他们认为，色素的增多并不单单是阳光造成的，还与高山地区的气候条件有关。一方面，高寒地带昼夜温差大，白天在太阳的照射下气温较高，晚间太阳一落，气温骤降，昼夜温差可超过10℃。另一方面，还与高山地区阳光充足有关。白天温度高时，花儿可以充分利用阳光进行光合作用，合成许多碳水化合物；夜晚，由于温度较低，花儿除了消耗一部分碳水化合物用于呼吸作用外，大部分能量物质就被储存起来，一方面用于抵御寒冷，另一方面用来大量合成各种色素。色素一多，花色自然就特别鲜艳。这种说法看来有一定的道理，但只是一种猜想，尚未得到证实。

揭秘大自然 Nature

高山植物的特点

生长在高山上的植物一般植株矮小，茎叶多毛，有的还匍匐着生长或者像垫子一样铺在地上。大多数高山植物具有粗壮深长而柔韧的根系，以适于在岩石裂缝和粗质的土壤里吸收营养和水分。

▶ 美丽的原野

探寻独叶草

独叶草是一种什么样的植物？
为什么植物学家热衷于研究独叶草？

在繁花似锦、枝繁叶茂的植物世界中，独叶草是最孤独的。论花，它只有一朵；数叶，仅有一片，真可谓是"独花独叶一根草"。

独叶草是毛茛科的一种多年生的草本植物，是我国云南、四川、陕西和甘肃等省特有的小草。它生长在海拔2750～3975米的高山原始森林中，生长环境寒冷、潮湿。独叶草的地上部分高约10厘米，通常只生一片具有5个裂片的近圆形的叶子，开一朵淡绿色的花。

独叶草的结构独特而原始，这激起了很多植物学家的研究兴趣。他们通过观察发现，独叶草叶片上的叶脉分布不是平行的，也不是网状的，而是由叶片基部中央向周围呈辐射状散出，每片顶端又一分为二，显然是一种原始的二分叉脉序类型，跟裸子植物银杏的叶脉十分相像。这种脉序在毛茛科所属的1500多种植物中是绝无仅有的，在全世界20多万种被子植物中也极为罕见。

◀ 独叶草

独叶草的花是单朵独生，不形成花序，一旦发生意外，这朵花便夭折了，种子的繁殖过程就会中止。由此可见，它只是刚刚

◀ 银杏的叶和果

具备了被子植物种子繁殖方式的优越性。另外，它的花是由花被片、退化雄蕊、雌蕊和心皮构成，各组成部分都离生，数目不定，而且呈螺旋状排列，这也显示出了被子植物的原始形态。

在被子植物中，越是原始的种类，它的花越明显地带有类似叶子的短缩茎的形态特点。独叶草雄蕊的心皮在花朵发育早期都是微微张开的，非常像一片片未展开的幼叶，这种构造也表明了它的原始性。

独叶草的地下根状茎也很有特点。根据切片观察，独叶草具有单叶隙的茎节结构，而这只在被子植物的原始种类中才能找到。在独叶草茎内用于运输水分和无机盐的导管中，导管之间的管壁不是以通常的打孔方式上下连接的，而是形成一种分布着许多孔道的横隔板，这种导管结构在毛茛科的其他植物中从未发现过。

小小的独叶草身上集中了这么多原始性状，这使得它为研究整个被子植物的进化提供了许多新的资料，同时也提出了许多疑问，这些疑问还有待于植物学家在研究中给出圆满的解答。

▼ 独叶草开出的花比一般被子植物的花要简单。

揭秘大自然 Nature

被子植物的起源

被子植物于早白垩纪晚期出现，于中、晚白垩纪繁育起来，到新生代时极为繁盛，代替了裸子植物，成为植物界中最高级的类群，开创了被子植物时代。但被子植物的起源迄今尚无定论。

少年探索·发现系列

植物长生不老之谜

植物的寿命具有什么样的特点？
植物寿命的长短与细胞繁殖有什么关系？

在世界各地的原始森林里，人们随处可见树龄达数百或数千年的老树，为何植物的寿命远远超过动物或人类的呢？

人类或者动物，只要是相同的物种，都会以大致相同的速度成长：性成熟，产子，随年龄的渐增而衰老，最后以既定的寿命结束一生。但是，植物却能够在一生的各个阶段休眠一阵子。例如：冬天停止代谢，春天再开始生长。从同一株草木上同时掉落地面的多粒种子，有的第二年立刻发芽，有的躲在地下休眠数年乃至数十年，有些种子甚至经过几百年之后才发芽。森林火灾常常把漫山遍野的植物烧成一片惨状，但一到次年的春天，烧焦的树干上便可重见稀稀疏疏的新绿。

植物和动物都靠繁衍子孙而使生命延续。动物的繁殖需要精子和卵子的结合，即使是"克隆"，也需要有卵细胞或者胚胎细胞的参与。而植物却可以借助自身细胞（单细胞）来繁殖，细胞能不停地分裂，长久不死。

1963年，英国的史基瓦德切下一小块胡萝卜放在培养液中。不久，胡萝卜块中有不少细胞游离出来，将这些细胞放到培养基上，细胞开始繁殖，在试管中长成了整株胡

△ 被子植物的生命周期

◁ 松树是长寿树种之一。

最不可思议的自然未解之谜

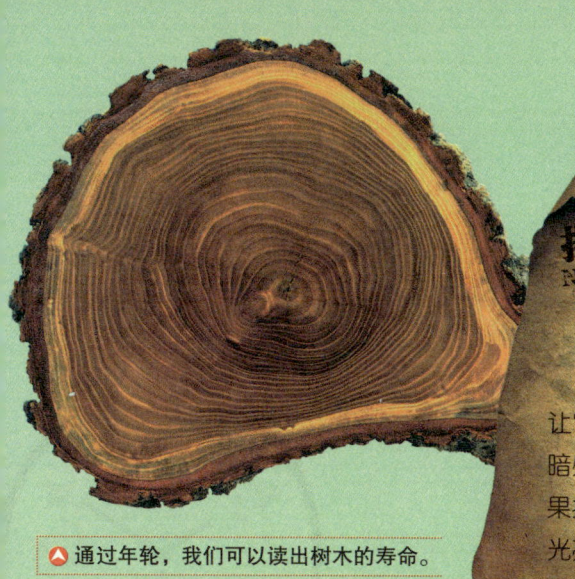

▲ 通过年轮，我们可以读出树木的寿命。

揭秘大自然 Nature

改变牵牛花的寿命

通常，牵牛花的寿命只有半年。如果让它从萌芽开始就一直生活在照不到光的暗处，那么它的寿命只有几个星期；但如果把它移入温室，到夜晚也点亮电灯保持光亮，那么它将持续生长好几年。

萝卜。史基瓦德的实验首次证明了，构成植物体的每一个细胞都具有再度发展成新个体的能力，而这一点是人或者动物都无法做到的。

另外，包括人类在内的一切动物个体，都具有显示物种特征的特定形貌。植物则没有一定的形貌，同样是落叶松，生长在不同的地方，完全可能是两个模样。即使是生长在同一地方的相同种类的两棵树，形貌都可能完全不同。这说明植物的变异性和适应性很强。

在植物王国里，年龄超过100岁的树木有很多，例如：苹果树的年龄为100～200年，梨树300年左右，枣树400年，榆树500年，樟树800年以上，松树1000年左右，雪松2000年，银杏3000年，红桧和水杉能活4000年，龙血树却能活到8000岁以上。

从生命的起源来看，植物和动物完全是同宗的，但其后代为何会有如此大的差别呢？植物长寿的原因究竟是什么？它们应当给人类什么样的启示？这一切都还是未知数。

▷ 寿命极长的美国红杉

少年探索·发现系列

奇妙的生物钟

生物钟现象具体体现在哪些方面？
是什么控制着生物体内的生物钟运行？

在日常生活中，人体的生理会发生有节律的周期性变化。例如：正常人的呼吸是白天快，夜里慢；体温在清晨2时到6时偏低，下午5时到6时偏高；脉搏在早晨较平稳；血压早晨最低，傍晚偏高。人体的排尿量和尿液的成分，也会随着昼夜发生周期性变化。人体内细胞的分裂、血液成分、眼内压和瞳孔的光反应等，都有昼夜周期性变化。

△ 人体内的生物钟控制着人的许多行为。

这是怎么回事呢？科学家通过研究和探索，揭示了其中的奥秘，原来人体内有自己的"时钟"，科学家称它为生物钟，也叫生物节律。人体在生理上的节律变化与生物钟有密切关系。

随着研究的深入，人们发现，不仅仅人类，微生物、植物及动物体内都有生物钟。有了生物钟，我们人类和其他生命体就能感受到外界环境的周期性变化，如昼夜的转换、光线的强弱、温度的升降、气压的高低、湿度的大小、环境的静噪等，并能根据这些变化来调节自身的生理活动，使身体知道什么时候该开始做什么，什么时候该结束。

◁ 动物的睡眠习惯是由生物钟控制的。

△ 候鸟迁徙是生物钟在发挥作用。

揭秘大自然 Nature

自然界的节律变化

在大自然，候鸟春秋两季迁徙，蝶类多在白天活动，蛾类多在夜晚活动，雄鸡清晨啼叫，蝙蝠黄昏后活动，牵牛花清晨盛开，夜来香傍晚花香扑鼻，这些都是按自然界的节律在变化。

那么，生物钟的本质是什么？它究竟在生物体的什么地方呢？科学家对生物钟做了广泛而深入的研究。通过实验，有一些科学家认为，生物钟是生物体内固有的，是生物在几百万年乃至上千万年的进化中，宇宙的自然节律在生物体基因上刻下的深深烙印，因此是可以遗传的，而且还可以不受环境中各种因素变化的影响。但也有一些科学家持不同意见。他们认为，生物钟是生物体的生理功能对外界环境某种信号的反应，因此是受外力调节的。

目前，人们对于生物钟的研究还处于初级阶段，有关生物钟的机理仍然是个谜。生物钟到底是什么，科学界也没有统一的看法。人体的生物钟藏在哪里，是如何起作用的，也不十分清楚。相信这些疑问在今后的研究中一定能得到解答。

◁ 经过冬眠后刚羽化的蝴蝶

少年探索·发现系列

不死的动物

哪些动物能够在特殊的环境里存活千年?
是什么维持着不死动物的生理机能?

在标本盒、墓葬、地层等环境中发现历千百年而不死的动物,这类耸人听闻的消息屡见不鲜。

1950年的一天,大英博物馆的一位工作人员无意中将一些水洒在了一个标本盒里,盒中两只在100多年前被制成标本的虫子竟然慢慢活动起来,恢复了生机。其实,早在1917年就有人做了一个实验,将干瘪失水的蚯蚓放在潮湿的纸上,它竟慢慢地活了过来。

△ 生存能力极强的动物在自然界中还有很多。

1990年初,埃及考古学家马苏博士在与同事们开掘一座4000年前的古埃及法老墓葬时,发现一只早已绝种的猫科动物守在墓旁。但当考古学家把这只小豹子一般大的大灰猫逮住带到实验室后,该猫的健康状况却急剧恶化,几小时后就死了。

不久前,俄罗斯地质学家在西伯利亚的地层里挖出来一块冻土,冻土融化后露出一只已绝迹的古老动物——西伯利亚四趾鲵,它竟然苏醒了,还徐徐爬动起来。它已在－10℃的低温条件下,在冻土里沉睡了将近5000年。

这些动物让科学家们感到惊异:它们是怎样保持生机的?机体细胞发生了怎样的变化?这一切都还是谜。

◁ 特殊的环境使某些动物能够长久地活下去。

最不可思议的自然未解之谜

动物的"领土"观念

动物们怎样划分"领土"？
动物划定"领土"有什么特殊的用意吗？

科学家们发现，动物也有自己的"领土"范围，那是一条无形的界线，谁越过这条界线就会引起争斗。当两头公牛要相斗，或两只狗即将相咬之前，一只向前一步，另一只往往就后退一步。只要不入侵对方的"领土"，对方暂时就不会还击，然而一旦越过了那道界线，争斗便爆发了。

▶ 狗看家的本领就与"领土"意识有关。

动物究竟怎样划定自己的"领土"范围呢？这个问题十分复杂，目前还没有完全搞清楚。通常，嗅觉在动物的"领土"划定中起着很重要的作用。有的狗在自己的地盘内到处撒尿，别的狗在闻到这种气味后，就不会轻易跨越这条无形的界线了；羚羊寻伴期间，会用嘴在树丛里蹭来蹭去，把气味抹在上面，外来的羚羊嗅到这种气味后就不再随便入侵了。不仅如此，连虫、鱼、鸟等都有自己的"领土"。

动物这种划定"领土"的现象是怎样产生的呢？为什么要这么做？这些问题至今仍是谜，等待着动物行为学专家去一一求解。

▶ 雌豹和幼豹守护着自己的"领土"。

少年探索·发现系列

动物也会复仇吗

动物是怎样复仇的?
动物也有仇恨情绪吗?

动物也会复仇吗?结论是肯定的。据说某国有个身穿绿色上衣的男子在森林里伐树,树倒了,树杈上的鸟窝摔了下来,窝里的雏鸟全摔死了。这悲惨的一幕恰好被觅食归来的雌鸟看见,雌鸟悲痛万分,从此凡是看到穿绿色衣服的人路过,就会冲上去,用翅膀对那人又扑又打,为死去的孩子报仇。

▲ 大象会记仇,也会复仇。

1992年初,墨西哥马戏团老驯兽师吉勒姆·托雷斯被一头叫珍宝的大象活活踩死。原来,托雷斯在60年代曾是珍宝的驯兽师,他残忍对待动物在墨西哥是出了名的,因此15年前被迫退休。据目击者称,平常非常驯服的珍宝,在看到79岁的托雷斯走进表演场时,立即发起疯来。它大吼一声,一步步逼向托雷斯,与他对视了一阵,然后突然将他推倒在地,往他胸口处重重踩了一脚,致使他当场死亡。

在自然界,动物报复的事件还有很多。动物的报复心理是怎样产生的?怎么解释它们的报复行为?这些疑问目前还没有得到圆满的解释,需要继续研究探讨。

◀ 狼是一种非常会记仇的动物,被人打伤后常会报复人类。

奇怪的杀过行为

什么是杀过行为？
食肉动物的杀过行为说明了什么问题？

赤狐是农户的死对头，专门在夜间闯入农舍袭击鸡鸭，且将整群鸡鸭统统杀死，却不吃它们。其实，许多食肉动物都有像赤狐这样的行为，在一次捕猎中杀死远远超过自己食量的猎物，这就是杀过行为。食肉动物这么做显然不是为了捕食，那么它们的动机是什么呢？

△ 猎豹也有杀过行为。

有些动物学家认为，这是由动物凶残的本性决定的。像狮子、豹子等可能是为了炫耀武力，或者练习捕猎。也有一些人称，这只是偶然现象，不是每次捕猎行动都会杀过，只是由于被捕杀的动物惊惶失措，四处奔逃，激起了这些野兽的野性，使其大开杀戒。这种说法也不能令人满意，因为每次捕猎行动中猎物都会四散逃跑，却不会每次都激起野兽的野性。由此，又有科学家提出，杀过的成因不能一概而论，对具体动物要作具体分析，有的出于本性，有的确实是因受刺激而引发，也可能两种兼而有之。当然，以上观点均属推测，还有待科学论证。

▽ 狮子的杀过行为与教幼狮捕猎有关吗？

奇妙而神秘的动物冬眠

动物冬眠时，身体会发生哪些变化？
动物冬眠的机理是什么？

冬天到了，热闹的大自然顿时变得十分安静，原来许多动物开始冬眠了。青蛙用头钻地，用有力的后肢左右摆动翻出泥土，挤入泥土中，并用身上的黏液把洞四周涂抹光滑，好像打了一层"蜡"，然后躲在洞里不吃不动，达数月之久。蝙蝠躲到岩洞或树洞里，用爪子钩住物体，飞膜裹住身躯，倒挂着一动不动，仿佛死去一般。蜗牛躲到枯叶下、岩石的缝隙里或洞穴中，把壳封闭起来，只留出一个小孔呼吸。鲤鱼群集于水底的低洼处，围成一圈，头和头紧密地靠在一起，不吃不动……

▲ 睡鼠冬眠时就好像死了一样。

冬眠是一些动物抵御寒冷、维持生命的特有本领。冬眠时，它们的体温降低，各种生理活动变得十分缓慢，能量的消耗也降到最低水平，能在不吃不喝的情况下，依靠体内贮存的养料度过漫长的冬季。尽管动物的冬眠十分多见，但人们至今还搞不清楚，冬眠时它们的身体里都发生了什么样的变化？不过，研究动物冬眠非常有意义，能为许多科学研究提供有益的启示。

◀ 冬天，许多动物都在冬眠。

动物界的寿星——明

> 明这类动物为什么能够存活如此长的时间?
> 明的贝壳对于科学研究有什么用?

目前,一种名为"明"的蛤类软体动物,经鉴定被确认为世界上最长寿的动物。它们生长在冰岛海域的海底,因为生长初期正好处于中国的明代而得名,年龄已达405岁。

明是一种很像扇贝的软体动物。

2006年,英国班戈大学海洋科学学院的科学家在冰岛海底捕捞出3000多个空贝壳和34个存活的明。这些明长约8.6厘米。因为明身上的贝壳共有405条纹理,科学家们最后断定,它们已经存活了405年,比此前发现的最长寿的动物还年长31岁。

限于目前对软体生物的认识程度,科学家还无法得知,在长达数世纪的时间内,明是如何在海底生活的。不过,明贝壳上的纹理却成了记录环境变化的活标本,因为明的贝壳只有在夏季才会生长。在海水温度较暖,并且食物充足的情况下,贝壳上每年都会长出厚度约为0.1毫米的一条纹理。正因为明贝壳上每条纹理的厚度取决于当时所处的环境,因此人们可以以此为据了解当时海底的生态环境以及气候变化。后来,明在研究过程中死亡,但其贝壳仍可用于科学研究。

人们对生活在海里的动物了解不多。

少年探索·发现系列

动物界的地震预言家

> 地震发生前，动物通常会有哪些异常表现？动物在地震前感受到了哪些异常的征兆？

自古以来，人们就想对可怕的地震进行预测，但至今也无法实现。可奇怪的是，动物却能提前预知地震的发生。

地震时，动物的表现会极为反常。

1923年，日本东京大地震前夕，人们看到成群结队的老鼠从洞穴中窜出，汇集成一支老鼠大军向远方逃走。

其实，除了老鼠，其他许多生活在地面上和地下的动物都具有这种预知地震的超能力。1963年，在捷克的斯科毕亚市发生大地震之前，有人发现动物园中的许多动物都好像受到了某种严重的骚扰似的，放声大叫，在笼子之中来回走动，有的还不停地撞击铁笼。

动物是怎样知道地震要发生的呢？有人认为，地震前大地会释放出一些微量气体，人无法察觉，而那些嗅觉灵敏的动物就能闻到，从而预知地震发生。也有人认为，地震前地热异常，动物可感觉到，因此纷纷从洞中逃出。还有科学家认为，动物行为异常并不一定每次都预示着地震发生。尽管存在争论，但动物预知地震的能力可给人以启示。

感到地震前兆后，草原犬鼠纷纷钻出洞来，四下逃散。

动物界的天气预言家

一些动物在天气变化时，会做出哪些奇怪的行为？
瓢虫是怎样预知长远气候变化的？

△ 有种瓢虫预测长远气候变化的本领很强。

有些动物和植物一样，对天气变化很敏感。天气即将转阴雨时，湿度增大，气压降低，天气闷热，它们会表现出一些异常反应，这可作为预测天气的参考。在没有天气预报以前，人们常常靠动物的行为来预测天气。例如，蜻蜓低飞，蚂蚁搬家，鱼到水面上来换气，说明大雨马上就要来到；青蛙鸣叫、燕子低飞等，是下雨的前兆。当然，上述情况只能反映近期天气的变化。

然而令人称奇的是，有种瓢虫知道未来季节的气候将会如何变化。冬天，它们通常会上百只成群地聚集在同一处，躲在落叶堆中越冬。但在那里，它们很容易感染上烂叶片上的真菌，因此只在寒冬来临前，它们才选择在那里过冬，而当较温暖的冬季即将来临时，它们则选择更卫生、更暴露的地方越冬。这种瓢虫判断临近冬季气候的结果非常准确。科学工作者对它们进行了长达10年的研究，它们一次也没出错过。不过，对于它们是如何预测出气候变化的，科学家们还不清楚机理。

▷ 燕子低飞，预示着就快下雨了。

少年探索·发现系列

奇迹般的躯体再生

动物自残逃生的方式有哪些？
动物躯体再生的奥秘在哪里？

在大自然激烈的竞争中，有一部分动物为自卫或逃生，宁愿舍弃身体中的某一部分来求生，然而奇特的是，过不了多久，缺失的部分又会重新长出来。

壁虎处于险境中时，可以折断尾巴，让扭动的尾巴来迷惑进攻者，自己则乘机逃跑。没多久，一条新尾巴又会从折断处长出来。章鱼则会用自断触手的办法逃生。平时章鱼的触手很结实，然而当某只触手被敌人抓住时，这只触手就会像被刀切了一样自动断落下来。当然，断了的触手很快又会长出来。还有兔子，当肋部被狐狸咬住时，会弃皮而逃，而那块被扯掉皮的地方很快又会长出新的皮毛。

动物的再生能力很神奇，研究它对于探讨人的肢体再生有很大的帮助，然而遗憾的是，人们还没有完全揭开动物躯体的再生之谜。

◎ 断尾的蜥蜴

◎ 由于具备皮毛的再生能力，兔子便很容易逃脱狐狸的抓捕。

动物自我保健之谜

生病的动物是如何进行自我治疗的？
动物是如何获知自我保健技巧的？

自然界里的许多动物都具有自我保健的本领。譬如说奔鹿，科学家偶然发现它们在吞食泥土。后来科学家经过试验，发现这种黏土中含有沸石。奔鹿食用它，可以清除体内的有害物质，净化内脏，促进身体生长。波兰动物学家发现，每逢中午，牝鹿便"拖儿带女"去树林中咀嚼一种高等菌类——蕈，这是因为蕈有健胃之功，能帮助消化。马达加斯加狐猴受伤后，立即用牙齿磨碎一种叫"满地爬"的藤本植物的茎叶，将它敷在患处。受伤的老虎会到丛林中寻找一种植物吃，这种植物就是后来被用于止血药——云南白药的主要成分。野兔患了肠炎后，会去寻找马莲草吃。海豹受伤后，会去寻觅一种有促愈合功能的海藻。受伤的大象会寻找一些含碱的沙子，给自己的伤口消毒。

猩猩懂得采集一种向日葵的嫩叶，用以治疗食欲不振。

诸如此类的动物自我保健事例还有很多。可是令人不解的是，动物是怎样知晓这些疗伤治病的绝招的？这种自我保健行为是本能吗？这一行为背后隐藏着怎样深刻的意义？这些都有待于进一步探知。

袋鼠不舒服时，会吃一些特殊的草。

动物"活化石"之谜

动物"活化石"为什么能够逃过绝灭事件而存活到现在?"活化石"是完全没有进化的原始物种吗?

在生命演化的漫漫旅程中,很多动物在"适者生存"的竞争中失败了,从地球上消失,仅留下它们的遗物——化石。也有一些动物很幸运,在家族中的多数成员——消亡的过程中,竟然躲过了一次又一次的灾难,成功地活到今天。人们将这些幸存下来的稀有动物称为"活化石"。

▲ 美洲负鼠

"活化石"的发现,对于研究地球环境变化、物种进化具有重要意义。然而,"活化石"的数量很少,因此人们对它们就越发关注了。像中国的大熊猫、"四不像"和中华鲟,美洲的负鼠,新西兰的楔齿蜥,太平洋的鹦鹉螺,东非海岸的拉蒂迈鱼等,都是有名的"活化石"。人们一方面精心看护着这些珍贵的"活化石",另一方面也对它们产生了诸多疑惑。按生物进化的类型分析,"活化石"属于长期未发生过前进进化、也未发生过分支进化的物种,然而它们为什么能够幸存下来?它们是否与原来的先祖有所不同?如今,生物学家已对此展开了广泛研究,试图解开这些疑团。

◀ 大熊猫是世界有名的"活化石"。

海豚救人之谜

> 海豚为什么不伤害人反而救人？
> 海豚救人是出于营救同伴的习惯吗？

海豚既聪明又友善，常常会救助受难者，因此被称为"海中义士"。

1949年，美国佛罗里达州一位律师的妻子在《自然史》杂志上披露了她被海豚所救的经历：她在海滨浴场游泳时不慎陷入水下暗流，突然一条海豚游过来，用嘴顶着她，将她推到浅水区。近年来，类似的报道越来越多。

海豚救人究竟是为什么呢？有人说，这是海豚在练习营救同伴。原来，海豚是一种哺乳动物，用肺呼吸。它们在游泳时可以潜入水中，但每隔一段时间就得把头露出海面呼吸，否则便会窒息而死。由于它们的呼吸孔长在头顶上，一旦溺水，只要将头露出水面就没事了。海豚发现同伴溺水后会前去营救，将同伴托出水面。因此，救人只不过是海豚练习营救同伴的行为而已。但也有人不同意这种说法，原因是溺水的海豚只要被托出海面就可以得救，而海豚在救人时却将人推向岸边，这又作何解释呢？目前没有人能解答。

◁ 海豚非常聪明，有人认为，它们救人的行为或许是有意识的。

◁ 跃出水面的海豚

少年探索·发现系列

大象好记性之谜

大象的记忆力好与它们群居有关吗？
大象是凭借什么记忆的？

在动物世界中，大象记性好是出了名的。研究人员通过测验发现，尽管大象的视力不好，但是它们的记忆力超强。

大象有持久的记忆力，像非洲大象能辨认30多个亲属，哪怕是在分开几年之后。由于象群间具有严格而复杂的"社群网络"，学会记忆对于它们来说有很多好处。

▲ 行进中的象群

那么，大象是如何记住亲属信息的？研究人员通过测试发现，虽然大象的视力很差，但嗅觉很灵敏。非洲象是通过观察同类的举动以及闻留在地面上的尿液记住每一位家庭成员的。另有研究称，一些母象会用低频呼声呼唤同伴及幼象。如果其他大象认识这个发出叫声的大象，就会回应；如果不认识，要不就是听到却没有任何反应，要不就会变得易怒而且戒备起来。研究人员认为，每头非洲象能辨认其他100多头大象发出的叫声。大象为什么对那些声音保有长久的记忆呢？人们不得而知。

◀ 大象是一种高度群居的动物。

海豹讲"方言"

> 海豹的"方言"是怎么回事?
> 探索海豹的"方言"有什么重要意义吗?

专家们通过研究发现,自然界的很多动物都具有语言天赋,像海豹还会讲"方言"呢!

几年前,美国和加拿大海洋学家在用电脑研究栖息在南极半岛海域和麦克默多海峡两个地区的几百只威德尔海豹发出的声音时,发现了一个现象,这些海豹之间不仅有双方可以理解的"普通话",也有各自的地方语。据统计,南极半岛海域的海豹用21种叫声来传递语言信息,而麦克默多海峡的海豹却用34种叫声来传递语言信息。在这两组叫声中,有些是相同的或极为相似的,这就是海豹的"普通话"。而麦克默多海峡的海豹发出的单音节是它们的"方言",南极半岛海域的海豹无法听懂。当然,南极半岛海域的海豹也发展出了"结合声",由此也形成麦克默多海峡海豹听不懂的"方言"。

这些"方言"是因什么形成的?目前还无法确知,但这一研究对于探索动物世界的生活方式和社会奥秘有着重要的意义。

▲ 海豹语言的形成或许与它们的群体生活有关。

▼ 生活在南极的威德尔海豹,彼此之间用语言交流,不仅如此,它们还讲"方言"。

▶ 小海豹

少年探索·发现系列

北极熊和企鹅分布之谜

北极熊是怎样来到北极的?
北极大企鹅为什么会灭绝?

▲ 北极熊

　　地球两端的极地地区气候十分相似,然而为什么北极有北极熊而无企鹅,南极有企鹅而无北极熊?这样一个看似简单的问题却难倒了许多科学家。

　　一些科学家根据板块漂移理论推论,认为北极熊和企鹅原本生活在同一大陆,后来由于板块漂移,它们分属不同板块,越漂越远,直到现在一个北极,一个南极,遥遥相望。然而这种解释因为缺乏证据而不足以服众。但这个悬念一旦揭开,定会对生物演化、地球演变研究造成不一般的影响。

　　另有专家从熊类起源的角度进行解释,认为这与地质学、冰川学以及生态学有密切关系。熊在地球上出现虽然较晚,但发展较快,500万年至100万年前就已几乎遍布除南极洲外地球上的每个角落。第三纪时地球上出现寒冷气候,只有一些适应寒冷气候的动物可以生活,于是原来以植物为主食的熊绝迹了,而一种皮毛厚、肉食、具

▼ 南极冰原上的企鹅

▲ 北极冰原上的北极熊

揭秘大自然 Nature

北极地区的环境特点

北极为北冰洋所包围，北冰洋周围地区大都平坦。冬季大地覆盖冰雪；夏季冰雪融化，表层土解冻，植物开始生长，为驯鹿和麝牛等提供食物。同时，狼和北极熊等也依靠捕食其他动物存活。

有体温调节能力、越冬生理适合严寒的熊类生存下来，它们便是后来的北极熊。而南极洲早在熊类祖先出现前，便是一个海洋环绕的大陆，不与其他大陆相连，陆生熊类不可能迁往南极洲，所以那里不可能发现北极熊的踪迹。不过，这一观点只解释了南极为何无北极熊，却无法解释北极为何无企鹅。

关于企鹅，有证据显示，在很久以前曾在北极生存过，只是现在灭绝了。它们就是北极大企鹅，身高60厘米，头部棕色，背部羽毛呈黑色，生活在斯堪的纳维亚半岛、加拿大和俄罗斯北部的海流地区，以及所有北极和亚北极的岛屿上，数量曾达几百万只。大约1000年前，北欧海盗发现了大企鹅，从此大企鹅遭遇厄运。特别是16世纪后，北极探险热兴起，大企鹅成了探险家、航海者及土著居民竞相捕杀的对象。长时间的狂捕滥杀，导致北极大企鹅灭绝。

从北极存在过企鹅的事实来看，板块漂移理论的解释又似乎有一定的道理，南北极地区在久远的地史上很可能是连成一片的。看来，关于南极为何无北极熊、北极为何无企鹅的讨论目前还不能下结论，研究还得继续。

▷ 南极企鹅比北极企鹅幸运多了，没有遭到人类的大肆捕杀。

少年探索·发现系列

活恐龙之谜

恐龙既然已经灭绝了,为什么还会有这么像恐龙的动物?现在还有活恐龙吗?

关于恐龙的命运,科学界早有定论,它们已于6500万年前从地球上全部消失了。但仍有很多学者认为,恐龙并没有全部灭绝,直到今天,还有活恐龙存在。现在,他们还在千方百计地寻找活恐龙。

在印度洋的小巽他群岛中,有一个科莫多岛,岛上至今还生存着一种与恐龙十分相似的动物,人们管它叫科莫多龙。科莫多龙是一种现存数量极少、外形酷似巨型蜥蜴的食肉性爬行动物。它形体巨大,约有3米长、136千克重,在柱形的巨大身躯下,长有4条短而粗壮的腿。它的舌头有分叉,不断地吐进吐出。它的头骨像蛇类一样柔软,头和颈部可以明显地变形,从而能将大块的肉,甚至一只小鹿的头吞咽下去。它的食量大得惊人,平均在1分钟之内就能吞下3千克肉。它没有汗腺,不能有效地控制自己的体温。

△ 科莫多龙

这种动物是不是恐龙的后代呢?它有没有与恐龙不同的特征呢?这还需要用详尽的资料和准确的证明来回答。

▷ 恐龙时代的恐龙

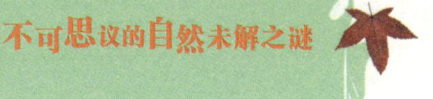

海龟为何回乡产卵

海龟为什么一定要回乡产卵呢？
海龟回乡时凭借什么判断方向、识别路线？

海龟是生活在海中的爬行动物，个头很大，长1米左右，四肢好像鱼鳍一样。成年海龟有一个特点，那就是不论在哪里，都要千里迢迢地返回故乡产卵，然后又背井离乡远游。

海龟大约7~10年才达到性成熟。每年4~6月是繁殖旺季，雌海龟们就成群结队地从千里之外，借着海水的力量向故乡的方向漂游而来。在涨潮的月圆之夜，它们爬上故乡小岛的沙滩，产下100~200枚蛋，并将这些蛋埋在沙子里，然后再返回海里，游向远方。借着沙滩上温暖的阳光，小海龟们在蛋里一点点发育成长，两个多月后就陆续出壳了，开始它们的新生活。

然而令人不解的是，海龟每年都要回到故乡，并且从不迷失方向，就连没远游过的小海龟也能沿着妈妈们走过的老路游回来。海龟是凭借什么"远航"千里回到故乡的？有人说，它们是根据地球磁场来判定方位的，也有人说是凭嗅觉，还有人说它们有超强的记忆力。可是，它们为什么一定要回故乡产卵呢？这些问题一直令人不解。

◁ 小海龟爬向大海。

◁ 海龟是凭什么记住回乡路线的？

少年探索·发现系列

鲨鱼的克星之谜

> 深海怪物到底是什么动物？
> 为什么凶猛的鲨鱼如此惧怕这个深海怪物？

1953年夏，一名叫琼斯的澳大利亚潜水员潜入大海深处，去测试一种新式潜水服的性能。这时，一条5米多长的大鲨鱼发现了他。为摆脱大鲨鱼的跟踪，琼斯决定向深海潜去，那条鲨鱼也跟了过来。在这危急时刻，突然一个灰黑色的巨形动物从黑暗的海沟里钻出来。琼斯借助潜水灯光看见，那是一个身体扁平的庞大怪物，比世界上最大的蓝鲸还要大得多。琼斯从未见过如此巨大的动物，吓得不敢动弹。鲨鱼一见到大怪物也立刻停在水中不敢动了。那个大怪物游过来，轻轻蹭了一下鲨鱼的表皮。鲨鱼立刻痉挛起来，失去了抵抗能力，被大怪物一口吞掉。吃掉鲨鱼后，大怪物又若无其事地摇晃着肥大的身躯，沉到了海底深渊。幸运的琼斯赶紧上浮逃离。

鲨鱼出现了！

海洋科学家闻讯后曾多方考察，却毫无收获。深海怪物究竟是何物，鲨鱼为何如此惧怕它？至今，这仍是一个谜。

这会不会是深海怪物呢？

谁是鸟类的祖先

爬行类是鸟类的祖先吗?
原始鸟化石的发现说明了什么问题?

1861年,人们在德国巴伐利亚省发现了始祖鸟化石,它长着带爪子的翅膀和布满牙齿的喙,尾巴很像蜥蜴。这一发现使人们确信鸟类是在2.4亿年前由爬行类进化而来的。

始祖鸟的复原图

但到1986年,人们又发现了一种原始鸟化石,它证明在始祖鸟之前的7000多万年里就已有鸟类出现,它与哺乳类出现的时间十分接近。那么,鸟类与哺乳类之间有可能存在共同的祖先吗?

其实早在1982年,英国学者加德纳就提出,一种名叫哺乳鸟的古代生物是鸟类和哺乳类的共同祖先。加德纳比较了鸟类和哺乳类的各种特征,发现两者至少有22个相似点,比如都是恒温动物,头骨、脑、心脏以及蛋白质分子等的结构十分相像。但也有许多人对此持怀疑态度,他们提出鸟类和爬行类之间的相似点也不少,如它们都是卵生,骨骼结构也有类似之处,因此仅靠相似点而不是化石资料来确定动物亲缘关系并不科学。

这些说法究竟谁是谁非呢?原始鸟毕竟还是鸟类,并不具有哺乳动物的特征。看来要得出结论,还有待更多的发现。

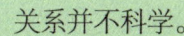
始祖鸟化石

少年探索·发现系列

企鹅起源之谜

企鹅是怎样来到南极大陆的？
谁是企鹅的祖先？

企鹅是一种古老的游禽，在南极还未被冰雪覆盖之前，它们就已经在那里定居了。随着南极气候的逐渐变冷，企鹅练就了一套抵御严寒、与冰雪抗争的本领。

古生物学研究表明，早在5000万年前的第三纪就出现了企鹅。研究企鹅的起源，总要涉及"不会飞"这一首要线索。是企鹅的祖先本身就不会飞，还是企鹅是从会飞的鸟进化而来，后来放弃飞行而改营水中游泳的呢？这一不解之谜激起了科学家们浓厚的研究兴趣。

最初有科学家认为，企鹅是独立于其他鸟类单独从爬行类演化来的，其祖先就不会飞行。后来，在日本多处发现外形类似企鹅的不会飞的海鸟化石，这一海鸟被认为是企鹅的先祖。近年，鸟类学家在对比企鹅和北半球海鸦化石的构造之后，认为企鹅与3000万年前的海鸦之间存在进化关系，提出企鹅起源于已灭绝的不会飞行的北大西洋海鸦。但也有动物学家认为，企鹅的祖先是能飞的。看来，有关企鹅起源的问题仍需求索。

◆ 南极的企鹅

鹦鹉学舌时动脑子吗

鹦鹉学舌到底是模仿，还是掌握了人类语言的表达？人类是不是小看了鸟类的智慧？

鹦鹉是一种非常聪明的鸟，它学舌的本领几乎尽人皆知。鹦鹉的舌头圆滑而肥厚柔软，形状也与人的非常相似，具备发声条件，因此可发出准确清晰的音节。

然而对于鹦鹉学舌，人们普遍认为那只是一种机械的模仿行为。事实上，鹦鹉表达的语言并非纯粹的生搬硬套，一些受过训练的鹦鹉掌握一定词汇后，能够把一些词组合起来，用来描述从未见过的东西；有些在认识了一些物品后，无论怎样改变其形状，都能认出来，并且还能触类旁通。这表明鹦鹉已具备了初步的分类概念和词语组合能力。于是，人们感到迷惑：这些鸟儿是否真的懂得所"说"话语的含义？能否用人类的语言来表达自己的想法？

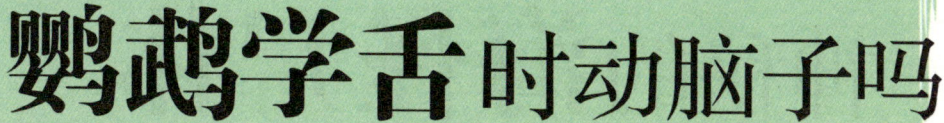
△ 金刚鹦鹉是鹦鹉中学舌能力最强的一种。

大多数科学家对此持否定态度，他们指出，鸟类没有发达的大脑皮层，不可能懂人类语言的含义，也不可能运用这些语言。然而，有少数科学家却在尝试打破这一传统观念。结论到底如何，人们将拭目以待。

▷ 有人认为鹦鹉能说人话，与舌头构造有关系。

神秘的海怪尸体

大海中真的有海怪存在吗？
打捞出来的海怪尸体是蛇颈龙的后代吗？

自古以来，在世界各国的渔夫和水手们中一直流传着关于海中巨怪的可怕故事。传说中的海怪往往形体巨大，长相怪异。19世纪以来，随着现代生物学的发展，过于荒诞的海怪传说渐趋消失，但有些发现却值得关注。

▲ 有人说海怪是海蟒。

1977年4月25日，一艘日本渔船在新西兰海域网到一具怪兽的尸体。从尸体看，怪兽脑袋小，脖子长，有4只鳍和长长的尾巴。船长怕尸臭影响到船上的鲜鱼，就命令船员把它扔回大海。当时，船上有人出于好奇，就拍下了4张照片，剪了一些怪兽的鳍须，并绘制了一幅怪兽骨架的草图。

后来，古生物学家对这个怪兽产生了浓厚的兴趣。但是他们只能根据当时收集的资料进行研究和分析。有人认为，这种怪兽是一种鲨鱼，因为怪兽鳍须的成分与鲨鱼的相似。但是，鲨鱼是软骨鱼类，它的尸体腐烂后骨架也会散乱，而怪兽尸体的骨架却比较全。于是，一些古生物学家认为，怪兽很可能是7000万年前就已经绝迹的蛇颈龙的后代，但目前还未找到充分的证据来证明这一观点。

◀ 蛇颈龙

蛇颈龙还在尼斯湖吗

尼斯湖水怪是怎么回事？
尼斯湖湖畔发现的蛇颈龙化石说明了什么？

2005年，英国多家媒体报道，一名67岁的英国老翁在尼斯湖湖畔发现一块1.5亿年前的蛇颈龙化石。这一化石的发现，证实了早在侏罗纪时期尼斯湖湖畔就曾有恐龙生活和繁衍过。因此，有人推测，近百年来频频出没、困扰整个科学界的"尼斯湖水怪"，很可能是古代蛇颈龙的后代。

尼斯湖位于英国苏格兰高原北部的大峡谷中，湖长39千米，宽2.4千米。面积虽不大，但平均深度却达200米左右。该湖终年不冻，两岸陡峭，湖北端有河流与北海相通。

▶ 根据目击者的讲述画出的尼斯湖水怪

关于"尼斯湖水怪"的最早记载可追溯到565年，爱尔兰传教士圣哥伦伯和他的仆人在湖中游泳，曾遭到水怪袭击。从那以后的10多个世纪里，有关水怪出现的消息达1万多宗。由于没有明确证据，人们认定这只是没有根据的传言。直到1934年，一名医生拍下了水怪的照片，登上报纸，才引起轰动。20世纪70年代，科学家们大规模搜索水怪，但一无所获。然而，新近发现的蛇颈龙化石却让人们有理由相信，尼斯湖或许真的存在古代蛇颈龙的嫡系后裔。

▼ 蛇颈龙

少年探索·发现系列

谁是**人类**的直接祖先

被认为疑似人类直接祖先的古猿有哪些？
非洲南方古猿会是人类的直接祖先吗？

人是由古猿进化来的——这是英国博物学家达尔文推翻"神创造了人"的观点后，提出的较为科学的论断。但这一课题研究起来并不简单，因为史前出现的古猿特别多，到底哪一种才是人类的直接祖先呢？古人类学家一直在苦苦寻求这个答案。

在很长的一个时期内，多数人的观点倾向于把生活在约250万年前的非洲南方古猿看作人类的直接祖先。但在1974年，研究人员在埃塞俄比亚发掘到一具距今300万年的保存完好的古人类化石。随后，人类学家又陆续发掘到一些人骨化石。考古学家将这些古人类化石称为阿法尔南猿。于是，一些人主张把阿法尔南猿看作是人类的直接祖先，同时也把它看作是非洲南方古猿的祖先。有学者表示反对，他们认为人类的直接祖先至今还没有被发现。最近，我国考古学家又在我国南方发现了距今有200多万年的古人类化石，为这一争论增添了几丝迷幻色彩。究竟谁是人类的直接祖先，还需进一步研究。

◀ 南方古猿的复原图

▶ 人和猩猩是同源的吗？

人类的发源地在哪里

> 非洲会是人类的发源地吗?
> 有没有可能存在多个不同的人类发源地?

人类的发源地在哪里？长期以来，科学探索者对这个问题一直争论不休。早在200多年前，英国博物学家达尔文就提出，人类可能起源于非洲。这是因为森林古猿化石在欧洲、亚洲、非洲都有发现，其中非洲发现的年代最早。20世纪20年代，非洲发现了南方古猿化石，而且范围广、数量多，于是许多学者便认为非洲是人类的发源地。

1857年，又有人提出，人类最早的祖先是在亚洲出现的，从巴基斯坦、印度和中国发掘出的腊玛古猿化石就是证据。他们认为，腊玛古猿很可能是1000多万年以前就与森林古猿分开而向人类发展的最早的人类祖先，以后它们演化成了距今约有250万年的南方古猿，再由南方古猿经过直立人（猿人）、早期智人、晚期智人才进化成现代人。

▶ 尼安德特人是最早被发现的早期智人。

关于人类发源地在哪里的讨论还在继续，哪一种观点更符合历史事实呢？这只能用更多新的发现来判定了。

▶ 被视为人类起源地的非洲，自然环境很好，适合人类生存。

少年探索·发现系列

稀奇的异种人

世界上真有蓝色人种吗？
为什么有的人的血液是黑色的？

根据遗传特征，全世界可分为三大人种：蒙古人种、尼格罗人种、欧罗巴人种。从肤色特征分类，则有黄色人种、黑色人种、白色人种和棕色人种。此外，还有由于不同种族之间的相互通婚而产生的混血人种。

然而，随着时间的推移，人们在地球上的视野逐渐扩大，发现除了上述几个常见的主要人种之外，地球上还生存着一些鲜为人知的特殊人种。

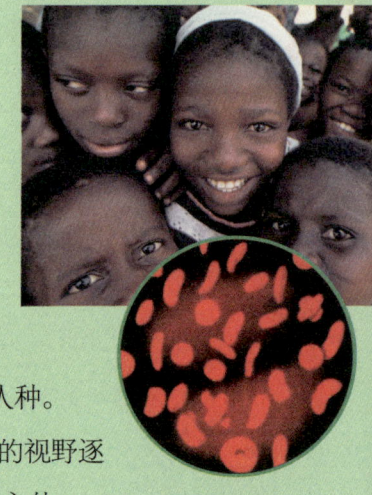

△ 常规人种红色的血液

在非洲，有人发现了绿色人种，他们全身皮肤的颜色像草一样翠绿，就连血液也是绿色的。据考察，这一人种只有3000多人，至今还过着穴居生活。

有探险家在撒哈拉沙漠发现了一族人数极少的蓝色人种，他们就如蓝色小精灵般机灵，只要一看见其他肤色的人种就逃跑，所以至今还没查清他们的生活习性和人口数量。另外，美国加利福尼亚大学医学院著名运动生理专家维西，在智利欧坎基尔查山海拔6000多米的高处，也发现了适应能力极强的蓝色人种。

在日本平县，住着一种身体血管里流

◁ 绿色人种的孩子

最不可思议的自然未解之谜

淌着黑色血液的人,其外表与黄种人没有什么差别,但当他们的皮肤受伤而流血时,人们才知道他们是拥有黑色血液的人。

至于世界上是否还有其他特殊的人种,科学家称现在还难以下定论,因为地球上还有许多我们从未涉足的地方。

这些人种特异的血色是怎样形成的呢?科学家从具有蓝色血液的动物身上得到了启发。他们指出,在海洋中,有一种大王乌贼和马足蟹的血液是蓝色的,海蛸和墨鱼的血液却是绿色的,而血液的颜色是由血细胞蛋白中含有的物质元素所决定的:使血液变蓝的叫血蓝蛋白,因为里面含有铜元素;使血液变绿的叫血绿蛋白,因为里面含有钒元素。从这一理论出发,不难推测,蓝色人的蓝血可能是因缺铁而铜过多造成的,绿色人的绿血可能是因多钒的缘故。至于黑色血液,则令人难以理解,因为自然界还未发现具有黑色血液的动物。

这些异肤色或异血色人种的发现,向传统人类学研究提出了挑战:这些特征是怎样形成的?血色与肤色有什么必然联系?目前这些都还是难解的谜。

> 蓝色人的血液也是蓝色的。

揭秘大自然 Nature

人类的肤色

人体皮肤的颜色与黑色素在皮肤中的含量及分布状态(颗粒状或分散状)有关,皮肤中的黑色素含量越多,肤色就越深。在人类学中,肤色被视为人种差别最重要的标志。

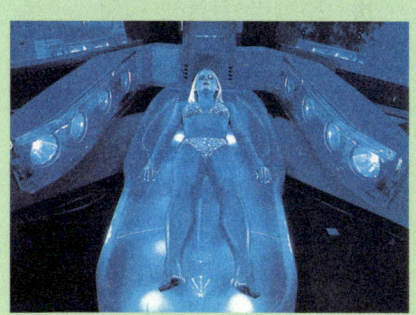

◀ 蓝色人种真的存在吗?

图书在版编目（CIP）数据

最不可思议的自然未解之谜／龚勋主编．—汕头：汕头大学出版社，2012.1（2021.6重印）
ISBN 978-7-5658-0504-2

Ⅰ．①最… Ⅱ．①龚… Ⅲ．①自然科学－少儿读物 Ⅳ．①N49

中国版本图书馆CIP数据核字（2012）第003482号

最不可思议的自然未解之谜
ZUI BUKE SIYI DE ZIRAN WEIJIE ZHIMI

总 策 划	邢 涛	印 刷	唐山楠萍印务有限公司
主 编	龚 勋	开 本	705mm×960mm 1/16
责任编辑	胡开祥	印 张	10
责任技编	黄东生	字 数	150千字
出版发行	汕头大学出版社	版 次	2012年1月第1版
	广东省汕头市大学路243号	印 次	2021年6月第6次印刷
	汕头大学校园内	定 价	37.00元
邮政编码	515063	书 号	ISBN 978-7-5658-0504-2
电 话	0754-82904613		

● 版权所有，翻版必究 如发现印装质量问题，请与承印厂联系退换